JN053995

「複雑系」入門

カオス、フラクタルから生命の謎まで

金　重明　著

ブルーバックス

カバー装幀　児崎雅淑（芦澤泰偉事務所）
カバー画像　中村建斗
本文デザイン　齋藤ひさの
本文図版　さくら工芸社・家中信幸

はじめに

子供の頃は無邪気に、人類は早晩、この宇宙のあらゆる謎を解明する、と信じていた。相対性理論や量子力学に関するブルーバックスを読んだり、手塚治虫のマンガを楽しんだりしながら、明るい人類の未来を夢見ていた。

そのころのわたしは、「近代のパラダイム」にどっぷりと漬かっていた。つまり、事象を細かく分析し、その本質を抉《えぐ》り出すことによって、あらゆる謎は解明される、と信じていたのだ。

ワインのソムリエになるためにフランスのパリに留学していた知人とワインを飲みながら、ワインの深い味わいを科学が解明できるかどうか、という問題で論争したことがなつかしく思い出される。

いくら科学が発達したところで、ワインの味わいの秘密を化学的に解明することはできない、と主張するかれに対して、複雑な化学反応ではあっても、それをひとつひとつ解明していけばそのすべてを理解することができるはずだ、とわたしは主張した。

ワインはおろか、生命の秘密もそうやって解明していくことができる、とわたしは信じていた。

その後、数学などを学んでいくなかで、「数学」という分厚い書物のうち、人類はその第一章

「非線形」の部分を何とか読み終えたにすぎず、第二章以後、つまりその大部分を占める「線形」の部分はかろうじてその最初のページを読みはじめたにすぎない、というような文を読んで、かなりショックを受けた。

そういうなかで、「複雑系」なるものを知るにいたる。

小説『皐《みぎわ》の民』（講談社、二〇〇〇年）を執筆していた頃なので、一九九〇年代の終わり頃のことだったはずだ。そして、その後に執筆したすべての小説の通奏低音として、複雑系の科学が流れ続けることになる。

複雑系の科学が、人類の謎として残されている「非線形」の数学にかかわるものであることはすぐに理解できた。そのころ、二十一世紀の科学、という謳《うた》い文句で、「複雑系」はちょっとした流行となっていた。

わたしは夢中になって、複雑系についての書物を読み漁った。しかしどうも、しっくりこなかった。たしかに、カオス、フラクタル、人工生命といった内容は実に刺激的ではあったのだが、だからどうなの、という感は否めなかった。人類に残された最後の謎、というにはちょっとショボいのではないか、と思ってしまったのだ。

はじまったばかりの複雑系の科学は、まだ海のものとも山のものともつかない、曖昧模糊《あいまいもこ》とした姿をしていたのである。

そして数年前、カウフマンの著書に出会った。

そこでは複雑系の科学が花開き、絢爛《けんらん》たる美を誇っていた。

その豊穣なるイメージはわたしを圧倒した。

ニュートンによる第一の科学革命が生み出した近代のパラダイムは生命の謎の解明などでその限界を露呈したが、そこを克服し前進を担保する第二の科学革命はここからはじまる、とわたしは確信した。

わたしはひとりでも多くの人に、この美しく花開いた複雑系の世界を知ってもらいたい、と思い本書を書きはじめた。複雑系の科学の最先端は、他の科学と同様、こむずかしい数学を駆使してわけのわからないことをやっている。わたしはできるだけ数式を使わず、生き生きとしたイメージが伝わるように努めた。幸い、数学があまり得意でないという担当編集者が、わかりやすくとてもおもしろいと太鼓判を押してくれた。


では、カオスの発見にはじまり、複雑系というまばゆいばかりの第二の科学革命の扉にいたる、波乱万丈の物語を語りはじめることにしよう。

「複雑系」入門

目次

第一章
近代のパラダイム

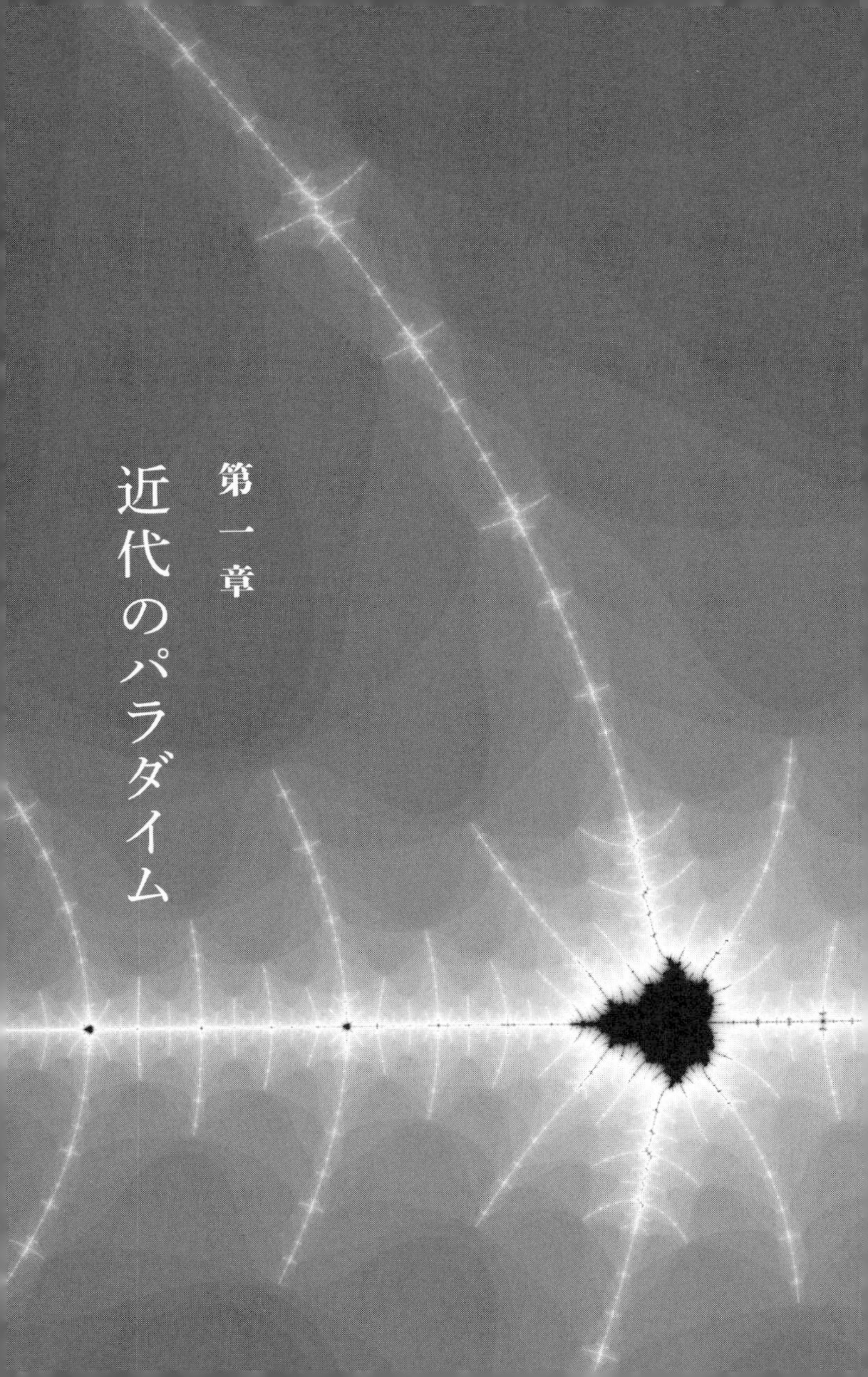

1

黎明

たなびく雲を朱に染めてゆっくりと昇っていく太陽を眺めながら、チノ（?〜?）はいったい誰があの火の玉を動かしているのかを考えていた。

人類の黎明《れいめい》、まだこの種族の人員は数千で、アフリカ大陸の生態系の脆弱《ぜいじゃく》な環の一角を占めているにすぎなかった。しかしかれらの肉体と脳は、すでに現代人と同じものとなっていた。

かれらの脳は、森羅万象の中にその意図を感じるように進化していた。危機に直面したとき、その原因や由来を考えるより、その危機を擬人化して考えたほうがすばやく対処でき、それだけ生き残る確率が高かったからだ。

西の空はまだ夜の闇に包まれていた。天頂、夜と昼の間《あわい》では、未練を残したわずかばかりの星がまたたいていた。

チノは毎朝確実に繰り返されるこの荘厳な風景の背後にある仕組みに思いを寄せていた。

同じ日の午後、チナ（?〜?）は大きなおなかを抱えながら、涸れた小川に沿って歩みを進めていた。

胎児がおなかを蹴った。

チナはそっと微笑みながらつぶやいた。

「元気なのはいいけど、いまはちょっとおとなしくしていてね」

チナは、自分の体の中で新しいいのちが育っていることが不思議でならなかった。いったい何がどうなってこんなことになったのかしら。

涸れ川を逸《そ》れ、灌木《かんぼく》の茂みに足を踏み入れていく。いつも通っている道だ。

突然、視界が開けた。

目の前に、灌木に囲まれた小さな泉があらわれた。泉の脇にある何本かの木に、おいしそうな赤い実がたわわに実っている。

チナは敬虔《けいけん》な表情で泉に頭を下げた。この泉には美しい精霊が住んでいて、いつもチナたちに豊かな恵みをもたらしてくれる、とチナは信じていた。チナの脳もまた、森羅万象の中に意図を読みとるように進化していた。

チノとチナの物語はやがて神話に成長していく。宗教のはじまりだ。同時にこれは科学のはじまりでもある。宗教も科学も、不思議に満ちたこの世界を何とか説明しようという試み、という点では、同じものだ。とくにこの時代、宗教と科学は渾然一体《こんぜんいったい》としており、区別することはできない。

2 神の否定

時は過ぎ、十九世紀。

ピエール＝シモン・ラプラス（一七四九〜一八二七）は自身の著書『天体力学』をナポレオン・ボナパルト皇帝（一七六九〜一八二一）に献上した。それを読んだナポレオンがラプラスに訊いた。

「お前の書いた本は不朽の傑作だと言われておるが、神については何も書いていないではないか」

ラプラスは誇らしげにこたえた。

「陛下、わたしは神という仮説を必要としないのです」

ラプラスの本は、ニュートン力学を集大成したものだった。神の仮定を必要としないニュートンの運動の法則と微分積分学が科学に革命をもたらし、近代を開いたという点に異論のある人はいないだろう。

この科学革命はアイザック・ニュートン（一六四二〜一七二七）という稀代の天才が生み出したものだった。

ニュートンの偉大さを値切るつもりはないが、もしニュートンがいなかったとしても、人類は運動の法則と微分積分学を見出し、同じように近代を迎えたと思われる。

このことを示唆する面白い事例がある。

かつてヨハン・カール・フリードリヒ・ガウス（一七七七〜一八五五）という、数学王と呼ばれた男がいた。ガウスは自分の発見を完璧なかたちでのみ発表するという習癖をもっていた。未完成なものを発表して物議をかもすことを極度に嫌っていたようだ。そのため、ガウスの業績は篋底《きょうてい》の奥深くに秘められたまま、知られることはなかった。そして、若い数学者が何かを発表したりすると、そんなことは知っていた、とぶつぶつ文句を言ったり、あるいは無視したりした。そのため、陰険で偏屈だと思われてもいた。

ところが死後、ガウスの遺稿が発見されると、ガウスが本当にそれらのことを知っていた、ということが判明した。

これにより、ふたつのことが明らかになった。

ひとつは、時代を超越した天才は存在する、という事実だ。ガウスは少なくとも時代を半世紀は先駆けていた。

そしてもうひとつは、天才がいなくても時代は進む、という法則だ。ガウスの数学は確かに時代を超越したものであったが、その後、ガウスの天才には及ばない数多《あまた》の秀才たちが、それらをひとつひとつ解明していったのも事実だ。他の数学者によって発見されなかった数学もまた存在しなかったのだ。

つまり、稀代の天才というものが存在するのは事実だが、天才がいなくても世の中はなんとかなるのである。

しかし、これはあくまで科学や数学の分野の話である。芸術の分野になると、また話は違ってくる。

レフ・ニコラエヴィッチ・トルストイ（一八二八～一九一〇）がいなければ人類は『戦争と平和』を読むことはできなかっただろうし、ヴォルフガング・アマデウス・モーツァルト（一七五六～一七九一）がいなければ『レクイエム』を聴くことはできなかったはずだ。何かの偶然でトルストイやモーツァルトが成人する前に他界してしまった可能性がないわけではない。いや、そもそも受精の瞬間、隣の精子が一瞬早く卵子にたどり着いていたら、かれらは存在しなかったことになる。もうちょっとさかのぼって、かれらとなった精子なり卵子なりが減数分裂のときのDNAのシャッフルでちょっと違った配列になったとしても、やはりかれらは存在しなかった。

こんなことを考えると、歴史というのはおびただしい偶然の中の、極々《ごくごく》細い道をたどってきたのだな、と感慨無量になる。同時に、この世に生まれることのなかった、あるいは生まれ出ても広く知られることなく埋もれてしまったおびただしい量の傑作を思うと、胸が痛む。

先に、科学や数学の分野では天才がいなくても世の中は何とかなる、と書いたが、現実を基盤とする科学の世界とは異なり、論理だけで勝負する数学の世界では、芸術の世界と同じようなことが起こったりもする。

一九一三年、イギリスの整数論の大家、ゴッドフレイ・ハロルド・ハーディ（一八七七～一九四七）は、インドのマドラス港湾信託事務所で会計係をしているという青年からの手紙を受け取った。中には、決して新しいとはいえない紙の上に、英語とも見えない手書きの文字で、記号の列が記されていた。シュリニヴァーサ・ラマヌジャン（一八八七～一九二〇）というインド人の署名があり、数学上の発見についてのハーディの意見を求めていたが、そこにはいかなる種類の証明も書かれていなかった。

ハーディはこの手紙を奇妙なイカサマのように感じ、それを脇において、その日の日課をはじめた。しかしこの手紙のことがどうも気になったハーディは、その夜、同僚のジョン・エデンサー・リトルウッド（一八八五～一九七七）を呼び、ふたりでこの手紙を検討した。

そして九時間後、ふたりはラマヌジャンがレオンハルト・オイラー（一七〇七～一七八三）やガウスに比肩する天才である、という結論に達した。

実はハーディ以前に、何人かの数学の大家が同じ手紙を受け取っていたが、みな手紙をそのまま返送してしまっていた。ハーディがラマヌジャンの手紙に注目した理由のひとつに、次の数式があったという。

$$1+2+3+\cdots\cdots=-\frac{1}{12}$$

1、2、3……と無限に自然数を足していくとマイナス12分の1に収束するという式だ。そんなバカな、と思うかもしれないが、解析接続という計算をすると確かにそうなる。古くはオイラーが発見した式で、数学的には意味のある式なのだ。しかし解析接続はおろか、オイラーすら学んだとは思えないこの自称二十三歳の大学中退の青年が、どうしてこのような結論に至ったのかは、見当もつかなかった。

さっそくハーディはラマヌジャンをイギリスに呼び寄せた。ケンブリッジでラマヌジャンは、毎朝のように、新しい公式を見つけたと言ってハーディのところに持ってきたという。しかし、どのようにしてその公式を導いたのか、と訊いてもこたえない。ナマジリの女神が夢の中で教えてくれたのだと言うだけだ。

敬虔なヒンドゥー教徒であったラマヌジャンは、戒律を遵守し、完全な菜食主義を維持した。

寒いイギリスの気候と、カロリー不足の食事のせいか、ラマヌジャンは結核をわずらってインドに帰国、ほどなく三十二歳の若さで死亡した。

ラマヌジャンの残した不可思議で美しい公式の数々はハーディらの努力によって次々と証明されていったが、現在もなお未解決のものも残っている。

ナマジリの女神が夢の中で教えてくれたという公式のいくつかは、もしラマヌジャンがいなければ永遠に人類が知ることはなかったであろう、とも言われている。

話をニュートンに戻そう。

ニュートンは、ロンドンでペストが大流行し、大学が休学となったため、故郷であるウールスソープで十八ヵ月ほどのんびりと過ごした。信じがたいことだが、今日ニュートンの三大業績と呼ばれている、微分積分法、光学、万有引力の法則はすべて、この短い期間に発見されたと伝えられている。ニュートン二十四歳のときだ。

ニュートンは猜疑心が強く、かなり偏屈な人物であったと伝えられているが、大衆の前では非常に謙虚な姿を見せることもあった。自分の業績についても、ロバート・フック（一六三五～一七〇三）に宛てた書簡で、「わたしがはるか遠くを見渡したのだとすれば、それはわたしが巨人の肩の上に乗ったからです」と記している。

当然のことながら、ニュートンもまたチノやチナから続く人類の知恵の集積があったからこそ、偉大な発見が可能になったのだ。

では、ニュートンがその肩に乗ったという巨人は、どのような人々だったのだろうか。チノやチナにまでさかのぼるのは不可能だが、直接ニュートンの助けになった人々について考えてみよう。

3 現象論

ティコ・ブラーエ（一五四六〜一六〇一）はデンマークの有力貴族の子として生まれた。周囲の人はブラーエが法律家か政治家になることを望んでいたが、ブラーエは科学の道に進んだ。

学生時代、決闘で鼻を失い、その後、付け鼻を装着して過ごすことになった。当時、ブラーエの付け鼻は金と銀でできているという噂が広まっていた。

二十五歳のとき、平民の娘と恋に落ちた。周囲は身分の差を理由に結婚に反対したが、ブラーエはそれを押し切って、結婚に踏み切った。死がふたりを分かつまで、ふたりはともに過ごし、多くの子をなした。

新しい天文観測器具を工夫し、精密な天体観測をおこなったブラーエの名声は高まり、ついにはデンマーク王フレデリック二世の直轄領であるフベン島に天文台をつくることを命じられる。ブラーエはここにウラニボリ（天文学の女神であるウラニアの城という意）という天文台をつくり、のちにはその隣にスターニボリ（星の城）と呼ばれる地下観測施設もこしらえた。

しかしフレデリック二世が死亡すると、ブラーエの宮廷内での力は衰え、ついには亡命を余儀なくされる。

一五九九年、ブラーエは神聖ローマ皇帝ルドルフ二世の後援を得て、宮廷天文学者としてプラハに向かった。プラハではヨハネス・ケプラー（一五七一〜一六三〇）を助手として招請し、ふたりで天体観測を続けたが、その一年半後、ブラーエは急死する。

ブラーエの天体観測は、肉眼による観測としては驚くほど精緻で、正確であった。この観測が、のちの理論の発展に大きく寄与することになる。

物理学の研究は、ともかく現象を正確に観測するところからはじまる。現象論の段階である。

4

実体論

ケプラーの祖父は南ドイツの町の市長まで務めた有力者だったが、父の代に没落し、ケプラーが生まれたころはかなり貧しかったと伝えられている。奨学金を得て大学を卒業したケプラーはギムナジウムの教師となるが、一六〇〇年、ブラーエの招請を受けてその助手となった。

優秀な助手を必要としていたブラーエはケプラーの能力に驚くが、同時にその才能を嫉視《しっし》したりもしたらしい。生真面目で敬虔なプロテスタントの信者であり、貧しくもあったケプラーと、豪放磊落《ごうほうらいらく》で宴会が大好きな大金持ちのブラーエは、あまり相性が合わなかったようだ。

しかしブラーエはその死に臨んで、膨大な観測記録をケプラーに託し、それをまとめることを遺言した。

ケプラーはブラーエの観測記録を整理し、とくに火星の動きについて研究していった。

敬虔なプロテスタントの信者であるケプラーは、神がつくりたもうた天体の軌道は完璧な図形である円に違いないと確信していた。しかしブラーエの観測記録は、円軌道とはごくわずかではあるが、ずれていた。平凡な人間なら観測の誤差として無視してしまうであろうごくわずかなずれを、生真面目なケプラーは無視することができなかった。

数年にわたるうんざりするような計算の結果、出てきた結論は、楕円軌道であった。火星の軌道が楕円であるといっても、現代の目からそれを観察しても、肉眼ではほとんど円と区別がつかないほどのわずかなゆがみにすぎない。望遠鏡もない原始的な機器でその火星の動きを正確に観測したブラーエも、そのずれを見逃さず楕円軌道であるという結論を導いたケプラーも、実に非凡な男たちだと賞賛せざるを得ない。

ここからケプラーは有名な三法則を発見する。

第一法則：惑星は太陽を焦点の一つとする楕円軌道上を動く。
第二法則：惑星と太陽とを結ぶ線分が単位時間に掃《は》く面積は一定である。
第三法則：惑星の公転周期の二乗は、軌道長半径の三乗に比例する。

ブラーエの観測をもとに、楕円軌道というモデル——実体——を見出し、天体の運動をみごとに説明したのである。

実体論の段階である。

ケプラーは、この三法則を発見したことにより、天文学者としての名声を得ることはできたが、貧困から逃れることはできなかった。最後は、皇帝付き数学者として支払われるべき給料の支払いを求めてプラハに向かう旅の途次、客死する。

運動の法則において、実体論の段階の巨人がもうひとりいる。ガリレオ・ガリレイ（一五六四〜一六四二）である。ガリレイの業績については、拙著『13歳の娘に語るアルキメデスの無限小』（岩波書店、二〇一四）に詳説したので、興味のある方は参照してほしい。

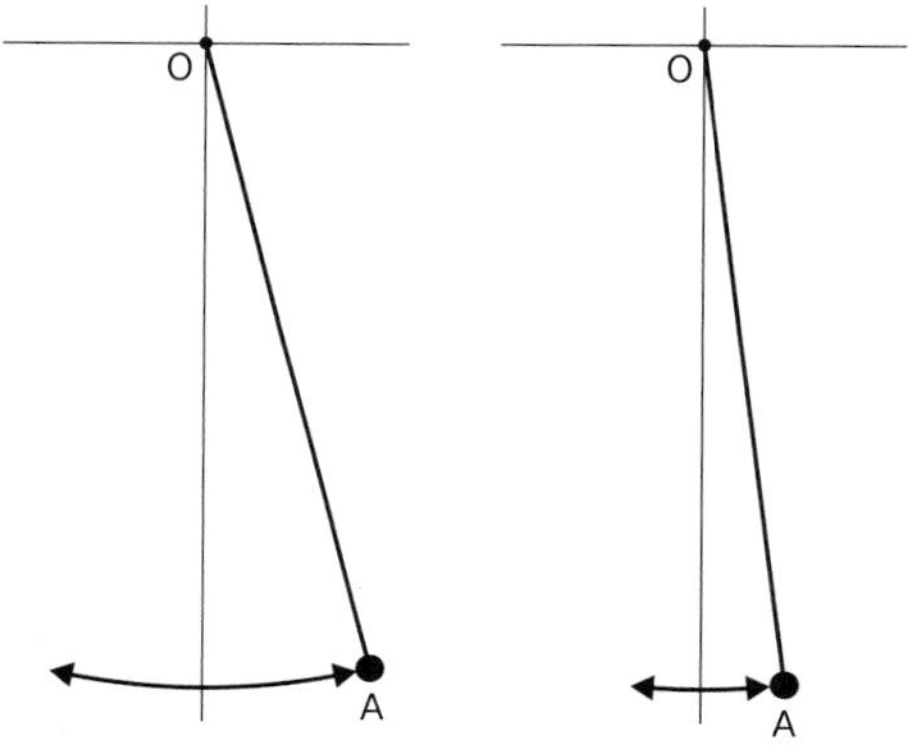

図1-1　振り子の等時性
振り幅が違っても振り子の周期は変わらない

ガリレイの業績は多々あるが、ここで注目したいのは「落下の法則」だ。ガリレイの考察は、振り子の等時性からはじまる。

図1-1のように、振り子の振り幅を大きくしても周期は変わらない。つまり、Aから真下ま

で振れる時間は同じだ。

考えてみれば、これはとても不思議な現象だ。移動する距離は違うのに、かかる時間は同じだというのだから。

高校の物理を学んだ方は、振り子の等時性は厳密には成り立たない、ということを学んだはずだ。角度が大きくなると、わずかであるが等時性が崩れてしまうのである。

しかし幸いなことに、ガリレイはこのことに気づかなかった。ストップウォッチなど望むべくもなく、脈拍や口ずさむリズムなどを用いて時間を計っていたのだから、当然といえば当然のことだ。

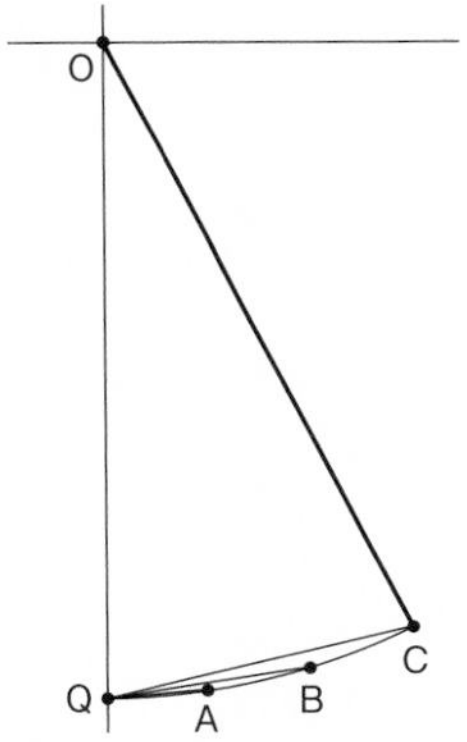

図1-2　斜面を転がる玉

ガリレイはここから、斜面を玉が転がる場合もかかる時間は同じだろうと推定した。

図1－2の斜面AQ、BQ、CQを玉が転げ落ちる時間はすべて同じだろう、という推定だ。振り子の場合は円軌道をとるので厳密には等時性が成立しないが、斜面を転げ落ちる玉の場合、かかる時間は厳密に等しくなる。

振り子の場合、周期の2乗とひもの長さが比例する。

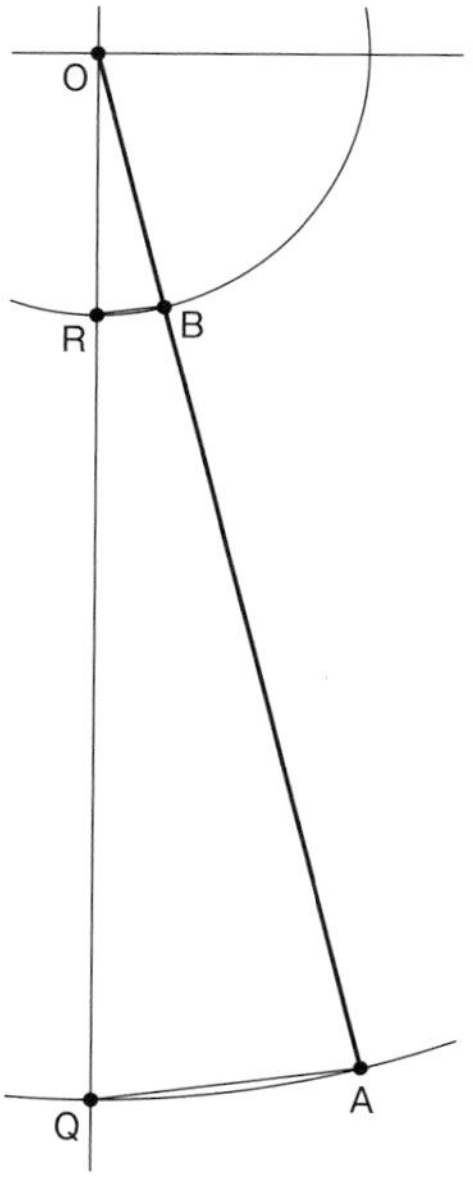

図1-3　振り子の周期とひもの長さの関係

図1－3では振り子OAのひもの長さは振り子OBのひもの長さの4倍になっているので、振り子OAの周期は振り子OBの周期の2倍になるはずだ。だから錘《おもり》がAからQにいたる時間は、BからRにいたる時間の2倍のはずだ。三角形OBRと三角形OAQは相似なので、当然AQはBRの4倍の長さとなる。

つまり斜面を転がる玉の場合、転がる時間が2倍、3倍、4倍となれば、転がる距離は$2^2=4$倍、$3^2=9$倍、$4^2=16$倍となる、というのが振り子から類推したガリレイの予想だった。

そしてガリレイは長大な木の板を用いて斜面をつくり、玉を転がして実験し、この事実を実証した。

ガリレイは、速度、加速度などのモデルを用いて、見事に落下の法則を描き出してみせたのである。

5 本質論

ニュートンは、「ケプラーの法則」と「ガリレイの落下の法則」を、「万有引力の法則」と「運動方程式」によって完璧に説明した。

そこにあらわれたのは、数学的に完璧な、単純で実に美しい式だった。

万有引力の法則は、質量のある物体の間に働く引力は、それぞれの質量の積に比例し、距離の2乗に反比例するという、明快なものだった。

そして運動方程式は、力をF、加速度をa、質量をmとすると次のようになる。

$$F = ma$$

こんな簡単な式で、すべての運動を完璧に表現できるというのだから、実に驚きである。もちろん現実の物体の運動は、さまざまな力が絡み合って作用するので、これほど単純になるわけではないが、ひとつひとつ分解していけばすべてこの式に帰着する。それらを線形的に組み合わせたものが現実の運動なのだ。

ガリレイの落下の法則も、万有引力の法則と運動方程式から簡単に導き出すことができる。不必要な変数を消去し、落下距離を d メートル、落下時間を t 秒、重力加速度を $10\mathrm{m/s^2}$ とすれば、落下の法則の式は次のようになる。

$$d = 5t^2$$

この式で、1秒後、2秒後、3秒後、4秒後の落下距離を求めてみよう。式の t にそれぞれ1、2、3、4を代入してやればいい。すると、1秒後は5メートル、2秒後は20メートルと1秒後の4倍、3秒後は45メートルと1秒後の9倍、4秒後は80メートルと1秒後の16倍というように、ガリレイが予想したとおりの結果が出てくる。

運動についての数学的な完璧な表現は、まさに本質を描き出したものなのである。

この瞬間、運動についての物理学は、本質論の段階に到達したのだ。

6　武谷三男の三段階論

現象論、実体論、本質論という物理学発展の「三段階論」を提唱したのは武谷三男《たけたにみつお》（一九一一〜二〇〇〇）である。

一九三〇年代、物理学の世界は混沌そのものであった。

坂田昌一（一九一一〜一九七〇）はこの頃の状況について、「原子や分子の研究の際、快刀乱麻を断つがごとき勢いを示した量子力学が原子核の問題にふれるや、たちまちその神通力を失った」と表現している。

大御所のニールス・ボーア（一八八五〜一九六二、一九二二年にノーベル物理学賞受賞）までが、相対性理論が時間と空間の概念に根本的な変換をもたらし、量子力学が因果性の概念を破綻させたように、原子核内部の電子の運動についてはエネルギー保存の法則が破棄されるようなことになっても容認しなければならないのではないか、と主張したほどだった。

エネルギー保存の法則は、物理学の根本といっても過言ではない。その存立が疑われるとなれば、多くの物理学者が動揺するのも無理はなかった。

武谷は京都帝国大学（現在の京都大学）を卒業し、湯川秀樹（一九〇七～一九八一、一九四九年にノーベル物理学賞受賞）の研究チームに加わり、混沌とした、ときには神秘主義に陥ろうとしていた物理学の混乱を突き破るストラテジーとして三段階論を唱え、当時の物理学の状況は実体論的段階であると認識することが重要であると主張し、中間子というモデルを提唱した湯川の研究を思想的に支えたのである。

同じ時期、物理学だけでなく、世界もまた大変な状況に陥っていた。

アドルフ・ヒトラー（一八八九～一九四五）が率いるナチス党が勢いを増し、一九三三年には合法的な選挙によってヒトラーが独裁権力を握るにいたる。この年、かのアルベルト・アインシュタイン（一八七九～一九五五、一九二一年にノーベル物理学賞受賞）までがドイツの名誉市民権を剝奪され、財産を没収された。

イタリアでもファシストが暴威を振るい、それに力を得てフランスのパリでも武装したファシストがデモをするにいたる。フランスの労働者は間髪をいれずにゼネストで対抗し、これを契機としてフランス人民戦線運動が広がっていく。この運動の中で、ジョリオ＝キュリー夫妻（夫はジャン・フレデリック（一九〇〇～一九五八）、妻はイレーヌ（一八九七～一九五六）、一九三五年に夫妻でノーベル化学賞受賞）、ロマン・ロラン（一八六六～一九四四）、アンドレ・ジイド

（一八六九〜一九五二）なども街頭に飛び出してデモに参加している。そして一九三六年の総選挙で人民戦線派が圧勝し、人民戦線政府が成立する。

しかしイタリアのファシズム、ドイツのナチズムを抑えることはできなかった。

日本も暗黒の坂道を下っていた。

一九二〇年代には、選挙で議会の多数を獲得して政権を握る政党政治がはじまり、労働組合運動もなんとか軌道に乗り、革新政党も大衆的な運動をはじめるようになっていた。

しかし一九三一年、日本軍は柳条湖《りゅうじょうこ》事件という謀略によって満州への侵略を開始し、一九三二年五月十五日には陸海軍将校によるクーデター未遂事件（五・一五事件）が起こり、犬養毅《いぬかいつよし》首相が暗殺され、産声を上げたばかりの政党政治はわずか八年にして崩壊してしまう。

フランスで人民戦線政府が成立した一九三六年、日本では陸軍青年将校によるクーデター未遂事件（二・二六事件）が起こる。

武谷は自由な市民という立場から、日本全体が狂気に侵されていくのを何とか阻止しようと積極的に運動を展開した。そして一九三八年、中井正一（一九〇〇〜一九五二）、新村猛《しんむらたけし》（一九〇五〜一九九二）らが創刊した『世界文化』に関連して、武谷は逮捕される。このときは湯川秀樹が保証人になることによって、七ヵ月後にかろうじて釈放された。

一九三九年にドイツ軍がポーランドを侵略したのをきっかけに第二次世界大戦が勃発し、一九四一年には日本軍がハワイの真珠湾を奇襲し、第二次世界大戦が太平洋へと拡大する。

こうしたなか、武谷は医学校に通っていたピニロピ・スワチキナ（一九一九〜二〇一五）と恋に落ち、卒業後の一九四四年に結婚する。ピニロピの父親は旧ロシア海軍の将校で、その後、皇帝の侍従武官となり、ロシア革命が勃発すると反革命軍を率いて戦い、それに敗れて日本に亡命した軍人だった。

武谷三男（左は息子）

しかし新婚四ヵ月で武谷は再び逮捕されてしまう。持病の喘息が悪化していた武谷は、運が悪ければ三木清（一八九七〜一九四五）のように劣悪な獄中生活のため獄死してしまう可能性もあった。だが当時、武谷は、日本が原爆を開発するのは絶対に不可能だと知っていたので、軍の依頼で仁科芳雄（一八九〇〜一九五一）が進めていた原爆開発に積極的に協力していた。軍の最高機密である二号研究に関与していたのである。仁科からも、武谷は研究のために絶対に必要な人材であるから釈放するようにという要望があった。そのこともあり武谷は、逮捕から八ヵ月後に仮釈放され、生きて日本の敗戦を迎えることができた。

戦争が終わると、武谷は水を得た魚のように研究に邁進《まいしん》する。彼の家には若い物理学徒が集まり、梁山泊《りょうざんぱく》の様相を呈していたという。

その頃の雰囲気を南部陽一郎（一九二一～二〇一五、二〇〇八年にノーベル物理学賞受賞）は次のように記している。

先へ進む前に、戦争直後の時代にいわゆる坂田・武谷哲学から受けた影響を述べねばならない。武谷三男さんは東大の中村誠太郎さんをしばしば訪れ、皆の前でお得意の弁証法的方法論を説きまわす。われわれ若者は彼の雄弁にいわば洗脳されてしまった。例の物理学発展の三段階理論をここで説明する必要はないと思うが、彼はまたわれわれの理論偏重の傾向をしりぞけ、実験に注目することを強調した。これは湯川・朝永の成功がもたらした圧倒的刺激のせいばかりでなく、悲惨な経済状態のもとでは実験など不可能であった事情にかんがみて適切な警告であった。これらの教訓がその後私の物理に対する態度に大きな影響を与えることになったと信じている。

（『素粒子論の発展』南部陽一郎　岩波書店　２００９年）

三段階論を南部が短く整理した文があるので紹介しよう。

この感激的な時期に、坂田昌一と武谷三男が、湯川の中間子論の展開に協力しつつ、素粒子物理の理論的研究の方法と戦略を意識して明確に打ち立て、自らも実践して成果を挙げたのです。

坂田－武谷の方法論は武谷の三段階論に要約されます。物理学の、とりわけ素粒子物理の進歩は三段階の繰り返しでおこるというのです。

［第０段階］

始まりは、現存する物理法則の外にある新現象の発見からです。

［第１段階］　現象論

最初の仕事は、データを集め、その中にある規則性を見いだし、経験法則にいたる。言い換えれば、データを組織化し予言をするところまでいく。これが現象論の段階です。

（中略）

［第２段階］　モデルの構築

第1段階の現象論に続いてモデルを構築する段階がきます。規則性の起源をモデルの言葉で解釈しようとするのです。そのために具体的な、しばしば仮説的な実体が導入されます。そうではなくて、モデルが数学的な形をとることもあるでしょう。（中略）

[第3段階]　決定的な理論

次の最終の段階は、種々のモデルを、精密なすべてを含む数学的な体系をなす法則にまとめあげる理論を作る、あるいは考え出すことです。この理論は、現象を定量的に正しく記述し、精密な予言ができなければなりません。（中略）

[第4段階]　第0段階への回帰

三つの段階は繰り返すと期待されます。新しい現象が見いだされて理論が壊れるとき、第0段階に戻るのです。

（同書）

武谷はガリレイの方法について次のように述べている。

つぎのガリレイの文はまことに科学的方法の模範ともいうべきであろう。

「媒体の抵抗から生ずる攪乱はといえば、これは著しいことですが、その影響が多様なので、一定の法則も、的確な論述も述べ与えることができません。例えば、私たちが単にこれまで学んだ空気の抵抗を考えるだけでも、その攪乱は、放射体の無限に多様な形、重さ、速度に応じた無限に多様な仕方ですべての運動に対して行なわれることが認められます。速度についていえば、それが大きいほど、空気の及ぼす抵抗も大きく、また運動体の密度が小さいほどその抵抗も大きいのです。それゆえ、落体は、その運動時間の平方に比例して落下すべきはずですが、どんなに重い物体でも、それが非常な高さから落下すれば空気の抵抗を受け、速度の増加を妨げ、ついには一様な運動となってしまい、そして運動体の密度が小さいほど、それだけ早く、かつ僅かの落下の後にこの等速性に到達します。水平運動の方も、もし妨害力がはたらかなければ等速、かつ不変なはずなのですが、やはり空気の抵抗のために変化し、ついには静止します。そしてここでもまた、密度の小さいものほど、そうなるのが早いのです。」(『新科学対話』岩波文庫、下巻158頁)

ガリレイはこのような分析をさらにすすめて、つづけて研究の方法をはなはだ的確に示している。

「これらの種々雑多の重さ、速度及び形の諸性質については、何らの正確な理論を与えることができません。ゆえに問題を科学的な方法で取り扱うためには、まずこれらの困難を切り離してみることが必要です。すなわち抵抗がないものとしてその定理を発見しかつ証明した上で、それを使用し、経験が教える制約つきでそれを応用するのです。そしてこの方法の利益は決して小さなものではありません。なぜなら、放射体の材料と形とが、媒体の抵抗をできるだけ小さくするように、すなわち、密度の大きい丸い物体をえらぶことができるからであります。また一般的には距離も、速度も、そう法外に大きいものではありませんから、それらを精確に補正することはむずかしいことではありません。」（同、下巻一五八―一五九頁）

以上のガリレイの方法は近代的実験の精髄である。すなわちいかにして偶然的なものをのぞき、本質的な法則をして姿をあらわしめるかということである。

（『物理学入門　―力と運動』　筑摩書房　二〇一四）

現象を各要素に分解し、攪乱要素を取り除いてより純粋なかたちで観察し、その本質を抉《えぐ》り出す。高校の物理で、「摩擦のない理想的な斜面とする」とやる要領だ。

物理学はこの方法で大成功を収めた。物質の構成要素である分子から原子を超え、それを構成する素粒子を発見し、その運動を解明した。宇宙の究極の謎を解明するまであと一歩だとも言われるほどだった。

物理学の成功は、他の科学にも大きな影響を及ぼした。自然科学だけでなく、社会科学や人文科学までが、分析して純粋なかたちで本質を抉り出すという方法論を採用するようになった。

この方法論、つまり現実を可能なかぎり小さく、そして単純な断片に切り刻んでいく方法を、「還元論」と呼んでいる。しかし、還元論というような歴史性を欠いた呼称では、どうもしっくりこない。還元論は大成功を収め、人類の近代を切り開いた。その意味で、ここでは還元論を「近代のパラダイム」と呼ぶことにしよう。

第二章 カオス

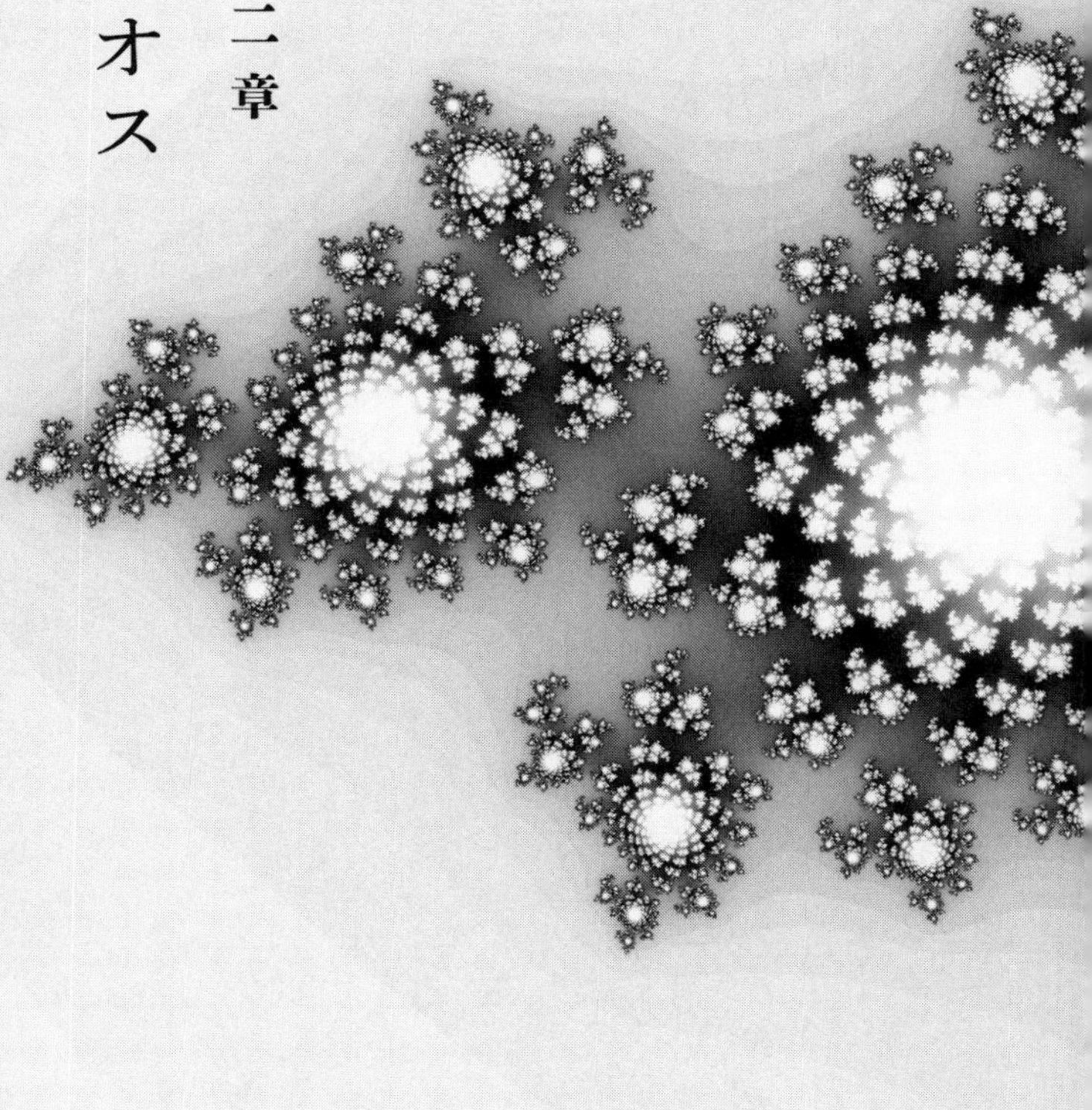

1

天気予報工場

気象学者で、数学者でもあったルイス・フライ・リチャードソン（一八八一～一九五三）は、大気中の空気の動きを微分方程式で表現し、それをもとにして天気予報ができるのではないか、と考えた。

大学で微分方程式を習うと、たくさんの練習問題が登場して、それらをどんどん解いていくことになる。すると、微分方程式というのは解けるものだ、と思い込んでしまう人も出てくるはずだが、練習問題として並んでいるのは解けるものを選んだ結果なのであり、この世に存在する微分方程式の大半は解けない方程式なのだ。

リチャードソンは、第一次世界大戦中に集められたある時点の気象データをもとにして、その六時間後の予報を試みた。大気の運動を表現する微分方程式は、オイラーやダニエル・ベルヌーイ（一七〇〇～一七八二）といった数学界のレジェンドによって数百年前に研究されていた。しかしこの場合も、微分方程式を直接解くことはできない。

では、どうするのか。

武器庫の奥から埃にまみれた戦斧《せんぷ》を引っ張り出して、力任せにねじ伏せるのである。

つまり、具体的な数値を用いて計算を実行するという、まったくエレガントさに欠ける、非数学的な手法を用いるのだ。

たとえば、ある微分方程式と初期条件が与えられたとすれば、その微分方程式を解くことができなくても、その1秒後の位置と速度の近似値を計算することはできる（普通はもっと小さな時間単位を使用する）。1秒後の状態がわかったところでとくにうれしくはないが、その計算を繰り返せば2秒後、3秒後の状態がわかり、粘り強く計算を続けるだけで、1日後、2日後の状態もわかるはずなのだ。

もちろんコンピュータのようなものはまだ存在しない。具体的な計算は想像するだけでもうんざりするようなものであったはずだ。わたしなら絶対に手を出さないだろう。

リチャードソンも計算に2ヵ月かかったという。しかも数値の処理に問題があったのか、もともとの気象データの誤差が大きすぎたのか、予報にも失敗してしまった。

そして、一九二二年に『数値的手法による天気予報』という本を出版し、その末尾にいまでは「リチャードソンの夢」と呼ばれている天気予報工場の話を掲載した。

コンサートホールのような巨大な建物の中に、六万四千人の若者が集まっている。かれらの前

リチャードソン

にはひとつずつ、手回し計算機が置かれてある。

指揮台の前に立つ博士が指示すると、若者たちはいっせいにレバーをガチャンとおろし、計算をはじめる。博士の指揮にしたがって計算の結果を互いに伝達し、計算を続けていく。

このようにして、六万四千人の若者が計算を進めれば、リアルタイムで天気予報ができるのではないか、とリチャードソンは夢見たのだ。

この話をはじめて読んだとき、わたしは子供の頃に近所のおじさんが使っていた計算機を思い出した。日本にはそろばんという優れた計算機があるので、商売をする人の大半はそろばんを愛用していたが、手回し計算機を使う人もなかにはいたのだ。

わたしはこの計算機の仕組みが不思議でしかたなかったので、よくおじさんが計算機を操作するのを見に行ったし、おじさんが使っていないときに実際に操作したりもしてみた。

この計算機は電気などは使用せず、完全に人力で動く。まず数字を合わせていくのだが、そのためにはその数字の桁のところにあるレバーを押し下げていかなければならない。レバーを押し下げるのにしたがって、窓の数字が0→1→2→3→…と変化していくのである。

数字を入力すると、今度は脇にある大きなレバーを操作する。現在の電卓のようにボタンをそっと押す、というのではない。そのレバーに連動しているすべての歯車を動かすのだから、力を込めてガタンとやらなければならないのだ。

この説明を聞けばわかると思うが、入力も計算もかなり力を要する作業となり、計算のスピードはそろばんの足元にも及ばない。手計算と比べても、はたしてこの計算機のほうが速かったかどうか疑問なのだが、それでもこの計算機が生産され売られていたということは、それなりに需要があったということなのだろう。

しかしこんな計算機を使っていては、六万四千人の若者を集めたところで、リアルタイムの天気予報など不可能だろう。実際、リチャードソンの夢が実現することはなかったが、現在の天気予報はコンピュータを用いて、リチャードソンが構想したとおりに進められており、リチャードソンは数値計算にもとづく気象予報の先駆者として、そしてかれの夢は輝かしき失敗の報告として記憶されている。

リチャードソンの名は次の章でも登場するので覚えておいてほしい。

2

バタフライ効果

スーパーコンピュータの数値計算にもとづく気象予報がおこなわれる少し前の時代、マサチューセッツ工科大学（MIT）の気象学の教授であったエドワード・ノートン・ローレンツ（一九一七〜二〇〇八）は、よちよち歩きのコンピュータを用いて気象の研究をしていた。ローレンツははじめ、数学者をめざしていたという。だからまだ、数学者の心を失っていなかった。イアン・スチュアート（一九四五〜）によれば、「数学とは一種の中毒か病気のようなものであって、たとえ振り払おうとしても、けっして完全には払えないものである」からだ。

ローレンツが用いた微分方程式系は、切り詰められるだけ切り詰め、核心だけを残した、きわめて単純なものだった。いわばおもちゃの気象モデルだ。ただしそこには、xyの項とxzの項が残されていた。もしこのふたつの項がなければ、いやしくも数学者を名乗っている者なら一瞬のうちに解いてしまう、簡単な方程式系になる。このふたつの項が悪さをするのだ。

初期条件を入力し、コンピュータを動かす。結果が出たところで、ローレンツは検算のため、もう一度初期条件を入力した。コンピュータがまだ不審の目で見られていた時代である。検算は欠かせない。

結果が出るまで時間がかかるので、ローレンツはコーヒーを飲むためにその場を離れた。何しろ、真空管を電線で結んだコンピュータである。動くたびにガタガタとかヒュンヒュンというような音を立てていたに違いない。演算処理の速さは1秒に1回程度だったらしい。現在のコンピュータのスペックに慣れている人なら気絶するかもしれないが、1秒に1回なのだ。日本ではまだ、わたしの家の隣のおじさんが手回し計算機を使っていた時代だ。

ゆっくりとコーヒーを楽しんで席に戻ったローレンツは、腰を抜かしそうになった。コンピュータに表示されていた結果が、先の結果とはまるで違ったものだったからだ。

はじめはコンピュータが故障したのだと思った。当時のコンピュータはそれだけ信用できない代物だったためもある。しかしいくら調べても、コンピュータに問題はなかった。

いろいろ調べていって、何とか原因を突きとめることができた。

二度目に初期条件を入力するとき、面倒くさくなって小数点の下のほうを四捨五入したのだが、それが問題だったのだ。

そんなわずかな差が結果に大きな差をもたらすことなどありえない、というのが当時の常識だった。初期条件のわずかな差が結果に違いをもたらしたとしても、それはせいぜい初期条件のわずかな差に見合うほどの差にすぎない、と知性と教養のあるインテリなら考えるはずなのだ。

しかし、そうはならなかった。

これは大変なことだ、とローレンツの頭の中にある数学者の心が騒ぎはじめた。

そして、気象モデルのほうは放り出して、この驚くべき現象について深く研究していったのである。

ローレンツ

一九六三年、ローレンツはその結果を『決定論的な非周期的流れ』と題した論文にまとめ、アメリカ気象学会の『大気科学ジャーナル』に投稿した。
数学に詳しくないか、あるいは伝統的な普通の数学にしか触れたことのない気象学者たちは、この論文が含蓄する世紀の大発見に気づかなかった。そして十年間、論文は誰にも注目されることなく、埋もれていた。
しかし一度この論文が数学者の目に触れるや、世界は大騒ぎになり、ローレンツは時代の寵《ちょう》児《じ》となった。ローレンツの発見はそれだけのインパクトを持っていたのだ。
初期条件の微小な変化が結果に大きな差をもたらすこと、つまり初期条件への鋭敏性のことを、現在は「バタフライ効果」と呼んでいる。これは、一九七二年のローレンツの講演「ブラジルの一匹のチョウの羽ばたきが、テキサスでトルネードを引き起こすか？」に由来する。

そしてこのバタフライ効果を引き起こす力学系は、「カオス」と名づけられた。

バタフライ効果は、当時の常識、近代のパラダイムを根底から揺るがす衝撃だった。

デカルトが生物を精密な機械であると考えたように、近代のパラダイムによる世界観は、いわば時計仕掛けの世界だった。宇宙はニュートンの法則にしたがって永遠に整然と運動し続ける。生物も、社会も、時計仕掛けのように整然とした法則にしたがっている。それらが突拍子もない運動をしたとしても、そう思うのは人類がまだその法則を知らないからであって、その本質を見極めればすべてを理解し、予測することができると考えていた。

時計仕掛けの宇宙に、バタフライ効果などがあっては困るのである。しかもローレンツが発見したのは、決定論的な法則に従う体系の中でのカオスであった。バタフライ効果を生むのは確率的な現象ではない。微分方程式によって次の状態が完全に決定されているにもかかわらず、カオスが生まれるのである。カオスをつくり出すのに、神はさいころを振る必要さえないというのだ。

実は、カオスを発見したのはローレンツではなかった。

十九世紀末、この太陽系は果たして安定しているのか、という問題が話題になっていた。簡単に解ける問題ではない。

宇宙に質点が二つしかなかったとする。たとえば太陽と地球だ。その場合、万有引力の法則と運動方程式によって微分方程式をつくればいい。この微分方程式は積分可能で、つまり完璧に解くことができる。

では質点がもうひとつ増えたらどうなるか。たとえば太陽と地球と火星の関係について考えてみる場合だ。質点がひとつ増えただけなのだが、それだけで問題は絶望的に難しくなる。

一八八九年、スウェーデン兼ノルウェー国王オスカー二世の還暦を祝うコンテストにこの問題が出題され、アンリ・ポアンカレ（一八五四〜一九一二）がそれにこたえ、大賞を獲得した。その結論は、簡単に言えば、三体問題は解けない、というものだった。

ポアンカレはこの問題を解明する過程で、三体問題がカオスになる場合もあることに気づいた。そしてその著書で、バタフライ効果についても触れていたのである。もちろんバタフライ効果という言葉を使ったわけではないが。

しかしカオスを実際に目にするためには、とんでもない量の退屈な計算を実行しなければならない。コンピュータなどまだ夢のまた夢、という時代だった。そのため、当時はポアンカレの発見に注目する者はいなかった。

3

ロジスティック写像

はじめは、カオスが時計仕掛けの宇宙の平安を乱すといっても、そういう病的な現象は例外なのではないか、という雰囲気があった。ローレンツの気象モデルや三体問題など、複雑な微分方程式系で導かれる力学系に限定された話であり、この宇宙の多くの現象は近代のパラダイムで理解できるのではないか、という立場だ。

しかし調べていくと、カオスはいたるところに顔を出す、ということがわかってきた。もっとも単純な力学系を紹介しよう。

力学系というのは、一般に時間の経過にしたがって状態が変化するシステムのことだ。ローレンツの気象モデルも三体問題も力学系であり、わたしたちが興味を持つ自然界の現象のほとんどは力学系だと考えることができる。

この力学系はもともと、閉じられた環境内に生息する、卵を残して1年で死んでしまう昆虫のような生物の増減を表現するものとして考えられた。0はこの生物が絶滅してしまったことを意味し、1は環境全体にその生物があふれている状態をあらわす。

ある年の生息数がxであった場合、その次の年の生息数は次の式であらわされる。

$$ax(1-x)$$

aはその生物の状況にふさわしい定数で、0から4までの数字であらわされる。xの範囲は当然、0以上1以下だ。こうやってひとつの離散力学系を定義することができる。

離散というのは、この力学系が連続しているわけではなく、初期値（0年目）、1年目、2年目、3年目、…、というように離散的に定義されているという意味だ。

つまりこれは、次のような数列だと考えればいい。

$$x_{n+1}=ax_n(1-x_n)$$

これを「ロジスティック写像」と呼んでいる。エラそうな名前がついているが、実際のところこれは二次関数にすぎず、つまり、中学校で習う関数なのだ。もちろん微分方程式ではない。

こんなものから本当にカオスが生まれるのだろうか。

aが0〜3のときは、力学的にあまりおもしろい結果は出てこない。

実際に数値を入れて確かめていこう。

aを1・5とする。まず、固定点を求めておこう。固定点とは、次の段階でもまったく変化しない点だ。つまり、次の方程式を解けばよい。

$$x = 1.5x(1-x)$$

中学生でも解ける二次方程式だ。解は0と3分の1になる。実際、0を入れても3分の1を入れても値は変化しない。0がロジスティック写像の固定点であることは自明なので、以下、固定点について述べる場合、0には言及しない。

初期値を0・3とすると、1年目は次のようになる。

$$1.5\times 0.3\times(1-0.3) = 1.5\times 0.3\times 0.7 = 0.315$$

この値をもとにして2年目を計算する。

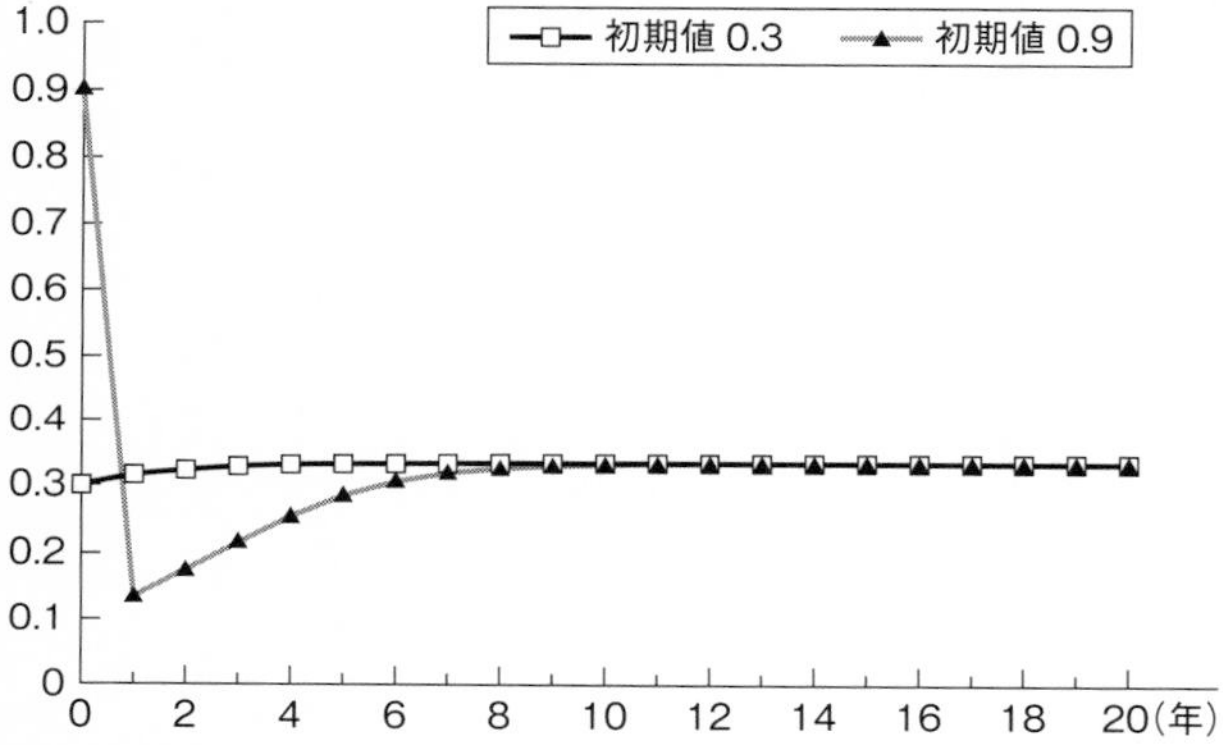

図2-1　$a=1.5$ としたときのロジスティック写像

$$1.5\times0.315\times(1-0.315)=1.5\times0.315\times0.685=0.3236625$$

同様に計算していくと、すぐに固定点に収束していくことがわかる。

図2－1は、初期値を0・3と0・9としてその後の変化を追ったものだ。固定点に収束していく様子がはっきりと見てとれる。初期値に何をとっても、結果は同じになる。

次はaを2・5にして、変化を追ってみよう。固定点は0・6だ。

図2－2は、同じように初期値を0・3と0・9にしてその変化を追ったものだ。やはりかなり速く固定点に収束していく。

このように、aが0〜3のときにはかなり速く一定の値に収束してしまう。このことは数学的に容易

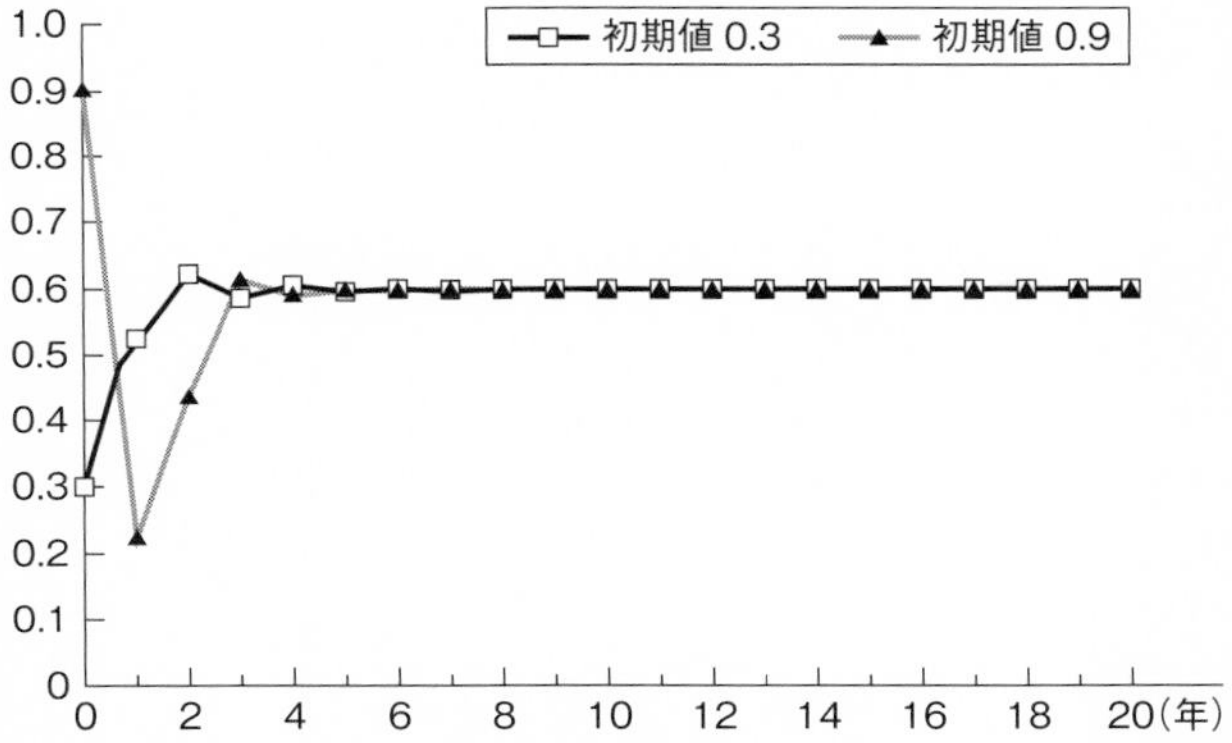

図2-2　$a=2.5$ としたときのロジスティック写像

に証明できる。

aが3のときは、収束の速度が極端にゆっくりとなる。何かが起こる前兆だ。そしてaが3を超えると、違った様相があらわれてくる。

図2－3は、aを3・2とし、初期値を0・3にしたときの変化だ。固定点は0・6875だが、見ての通り、固定点の上下を行ったり来たりするようになる。

振動がはじまるのだ。

固定点の上下を行ったり来たりする振動の状態がしばらく続くが、aが3・5を超えたあたりでまた変動が生じる。

図2－4は、aを3・5とし、初期値を0・3にしたときの変化だ。固定点は7分の5、つまり約0・714となるのだが、今度は固定点を上下して4つの値の間を振動するのである。

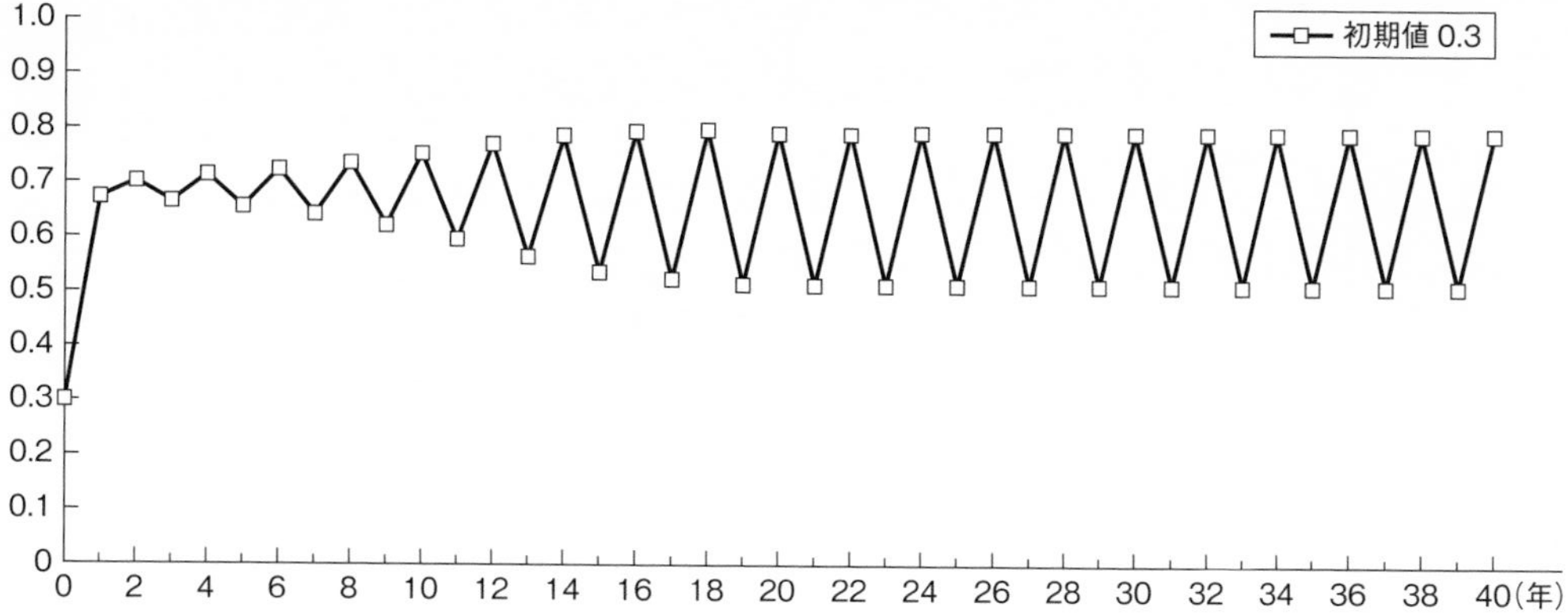

図2-3　$a = 3.2$ としたときのロジスティック写像

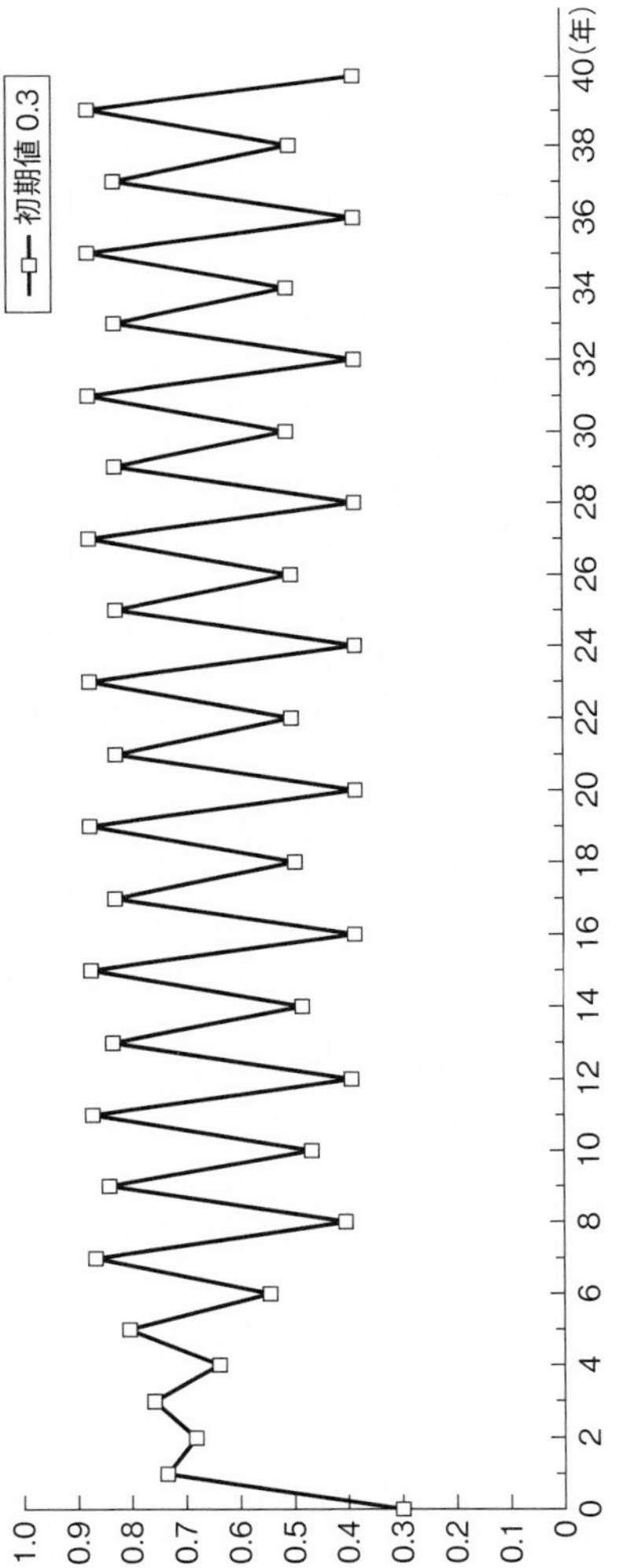

図2-4　a = 3.5としたときのロジスティック写像

最初は固定点への収束、次は周期2の振動、その次は周期4の振動だ。ということは次は周期8の振動となるのだろうか。

その通り、aが3・56あたりで周期8の振動がはじまる。こうなるとグラフを描いても一目瞭然というわけにはいかないので、計算の結果を示すのはやめておこう。わたしの計算を信用してほしい。

変化が起こるときのaの値の変化がどんどん小さくなっていることにも注目する必要がある。周期が16になるのはaが3・567あたりだ。その後、周期は32、64、128と倍増していき、それにつれてaの値の変化はどんどん小さくなっていく。

そしてaが3・58あたりですべては終わってしまう。周期が無限大になってしまうのだ。カオス状態に陥ってしまうのである。

図2-5はロジスティック写像で、aの値の変化によって周期がどのように変わっていくかを示したグラフだ。aが小さいときは、固定点に収束するだけなのでおもしろみに欠けるから、省略した。

aが3より小さいときは固定点に収束しており、3を超えると周期2になることがはっきりと見てとれる。そして3・5を超えるあたりで周期が4になることはわかるが、それ以後は点がかなり密になってしまう。周期8ぐらいまではかろうじて見て取れるが、あとは何が何だかよくわ

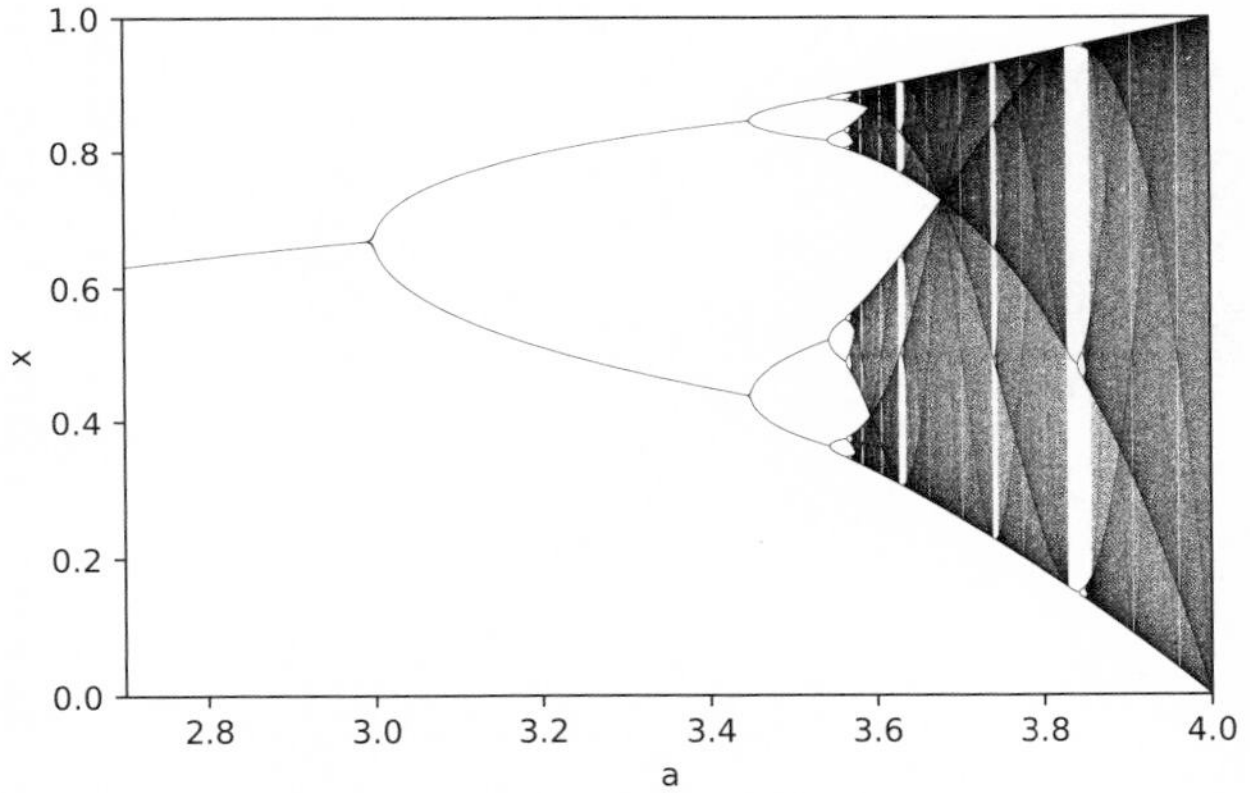

図2-5　ロジスティック写像での a の変化による周期の変化

からなくなる。

この図にはさらなる不思議が隠されているのだが、それについては次章で触れることにしよう。

簡単にまとめると、ロジスティック写像は a の値によってまったく異なる振る舞いを見せる。a が3より小さいときは固定点に収束するが、3を超えると周期2の振動がはじまり、それが周期4、周期8、周期16と倍増していき、やがてはカオスに突入する。

カオスのバタフライ効果についても実際に計算をしてみよう。初期条件の微小な差がとんでもない結果をもたらす実例だ。

a を4とする。すると固定点は0・75となる。つまり初期値を0・75とするとあとはずっと0・75になる。では、初期値を0・7500 1にしたらどうなるだろうか。その差はわずか

０・００００１、常識的には、この程度の差が大きな影響を及ぼすとは思えないのだが、どうなのだろうか。

図２－６は、初期値を０・７５としたときと、０・７５００１としたときのその後の変化である。０・７５のほうはずっと変化しない。０・７５００１のほうも、最初はおとなしくしているが、10を超えたあたりから跳ねはじめ、あとは自由奔放というか何というか、もともと０・７５の近傍からはじまったということが信じられないくらい暴れまわる。まさにバタフライ効果だ。

ローレンツの論文が再発見されて以後、カオスは多くの数学者、物理学者の注目を集め、その研究は進んだ。この決定論的カオスというやつは、完全な無秩序、混沌というわけではなく、そこにはそれなりの法則があることもわかってきた。

バタフライ効果のせいで、カオスの正確な長期的予測は不可能だが、ある程度の傾向のようなものは予測できる。

「ストレンジ・アトラクター」という言葉を聞いたことがある人もいるだろう。アトラクターというのはアトラクトするものであり、アトラクトとは「引き寄せる」「魅惑する」という意味だ。つまり力学系の変化の軌道を調べていくと、ライン川を航行する船の船乗りが、ローレライの岩山にたたずむ美しい娘に魅了されて引き寄せられていくように、アトラクターに引き寄せられていく現象がある、というのだ。

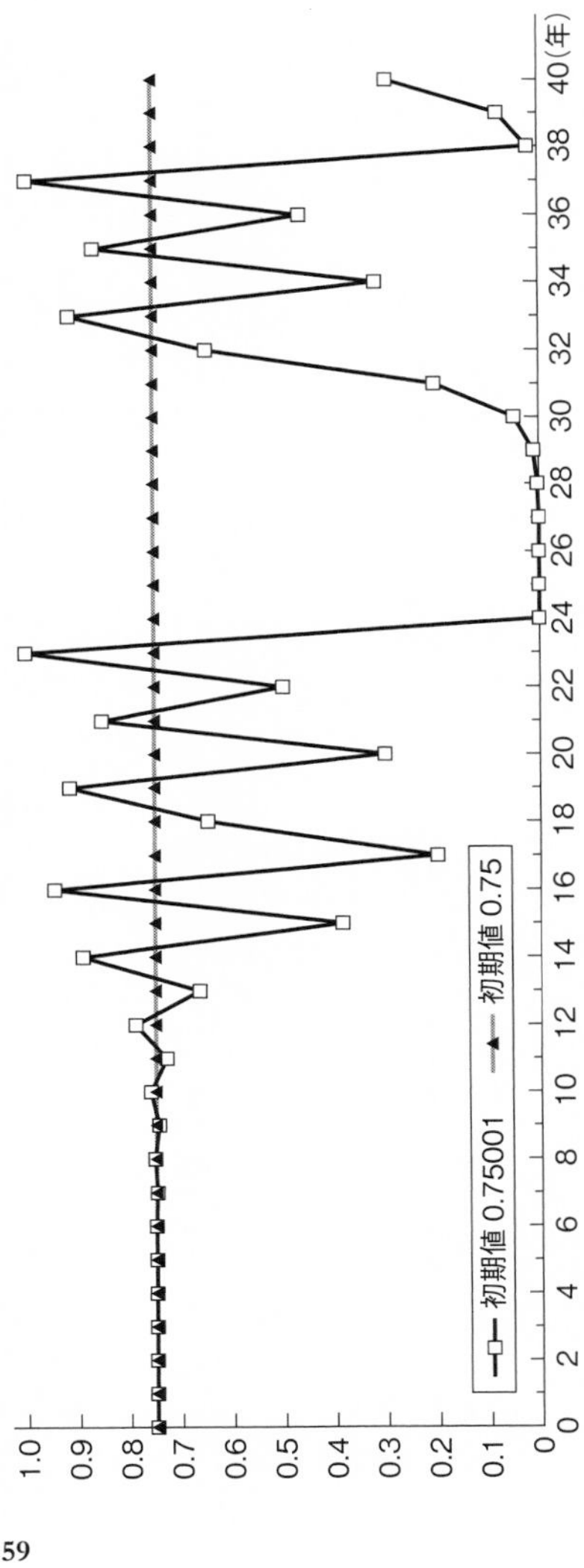

図2-6　$a=4$としたときのロジスティック写像
初期値0.75と初期値0.75001との比較

一番簡単なアトラクターは、ロジスティック写像で a を3より小さくとったときにあらわれる、一点に収束する点アトラクターだ。

カオスの場合のアトラクターは、ストレンジ・アトラクターとなる。そこに引き寄せられはするのだが、初期値に鋭敏に反応するバタフライ効果があらわれ、またその軌跡は次章で紹介するフラクタルな構造を持っているという実に奇妙なアトラクターなのだ。

しかしストレンジ・アトラクターについて触れると、それに魅入られて抜け出せなくなりそうなので、このあたりでカオスからは離れることにしよう。

ひとつ注目すべき点は、カオスの研究にとってコンピュータが不可欠だった、という点だ。ロジスティック写像が生み出す単純なカオスについてさえ、人類はコンピュータが普及するまで気づかなかったのだ。複雑系の研究はコンピュータとともにはじまった、と言っても過言ではないだろう。

近代のパラダイムの牙城を射る第一の矢はバタフライ効果だった。

では、第二の矢は？

第三章 フラクタル

1　コッホ曲線

一本の線分を引く。

この図形を K_0 としよう（図3－1）。

そしてその線分を3等分する。

この3等分した点A、Bを底辺とする正三角形をその上に描き、線分ABを消去する。すると図3－2のような図形になる。K_1 である。

図3－2は4本の線分がつながった折れ線だが、このそれぞれの線分に対して同じ作業を繰り返す。つまり、その線分を3等分する2点を結ぶ線分を底辺とする正三角形を描き、底辺の線分を消去する。

すると、K_2 があらわれる（図3－3）。

今度は16本の線分がつながった折れ線になる。この16本の線分に対しても、同じ作業を繰り返す。

図3-1　K_0

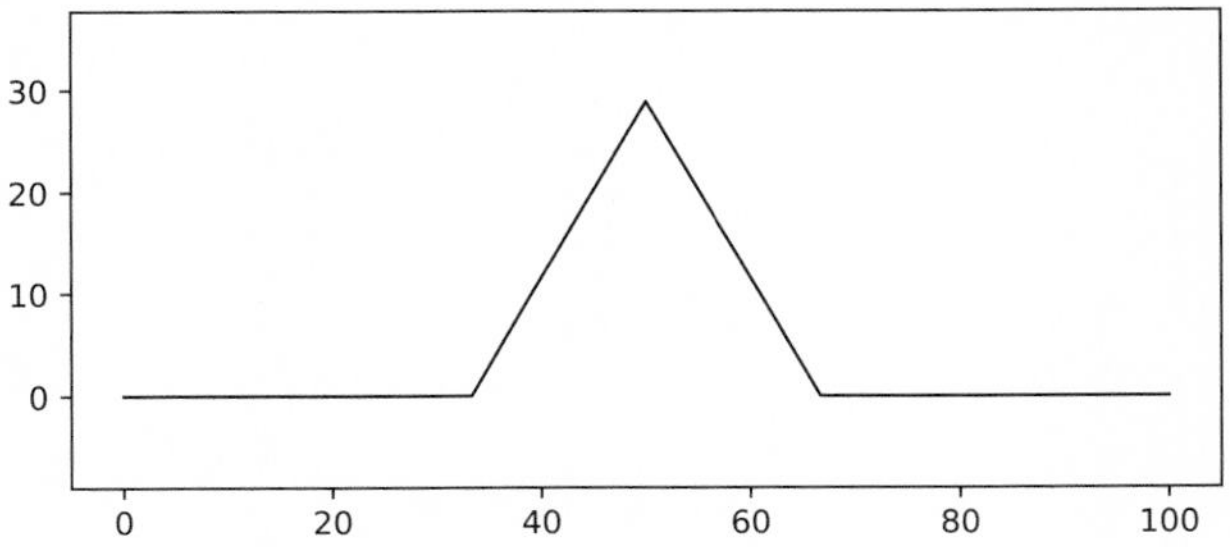

図3-2　K_1

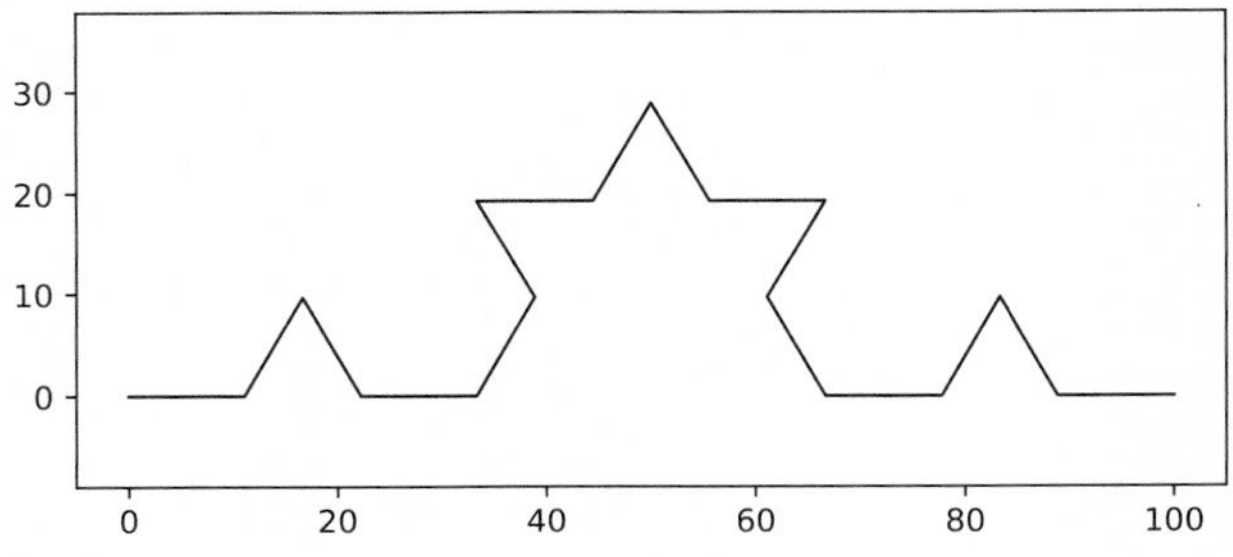

図3-3　K_2

K_3だ（図3－4）。

この作業を続けていく。

図3－5、図3－6、図3－7はK_4、K_5、K_6だ。もうこれ以上続けても、肉眼ではほとんど区別がつかないだろう。次の図はK_{10}だ（図3－8）。

K_6とK_{10}の違いがわかるだろうか。

最初の線分の長さを1とすると、K_1の線分はその3分の1、K_2はさらにその3分の1なので9分の1となる。K_{10}は3の10乗分の1、つまり5万9049分の1になる。最初の線分の長さを100ミリメートルとすると、K_{10}の線分は約0・0017ミリメートルとなる。印刷する線の幅よりも小さくなるのだ。

肉眼で区別することもできないので、作図はこのあたりで止めるが、人間の思考は肉眼での分《ぶん》別《べつ》を超えて、無限のかなたまで飛ぶことができる。

K_0からはじまって、この作業を無限に続けた図形、

K_∞

を考えてみよう。

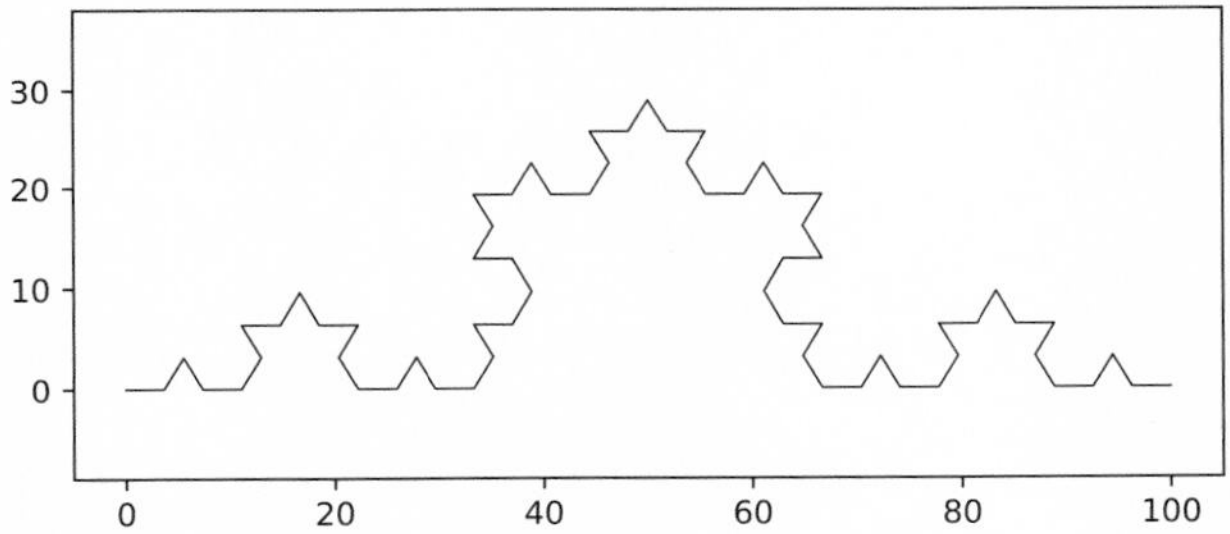

図3-4　K_3

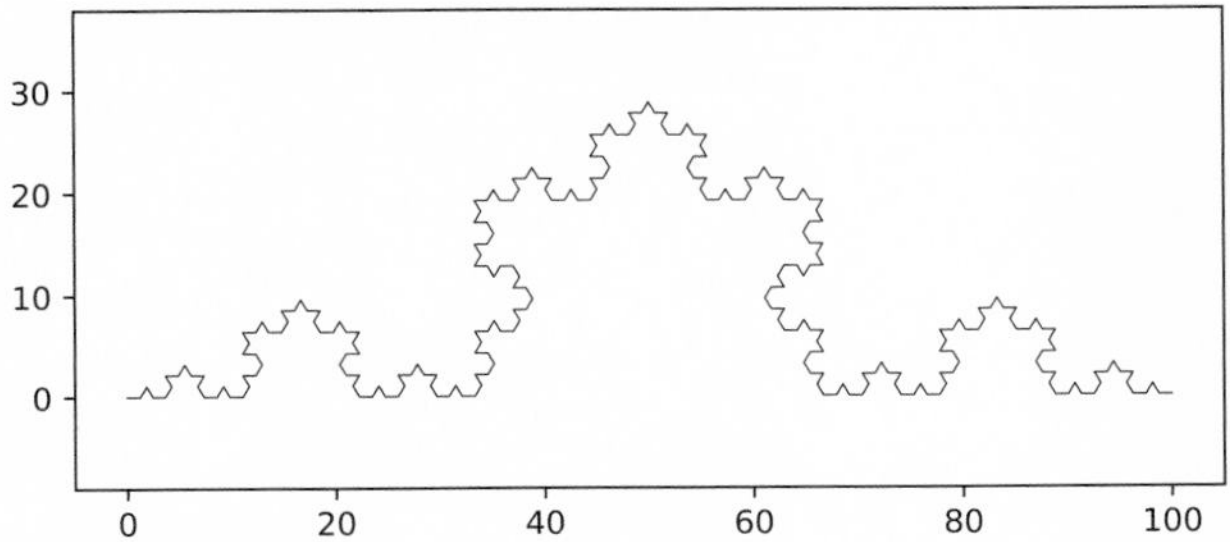

図3-5　K_4

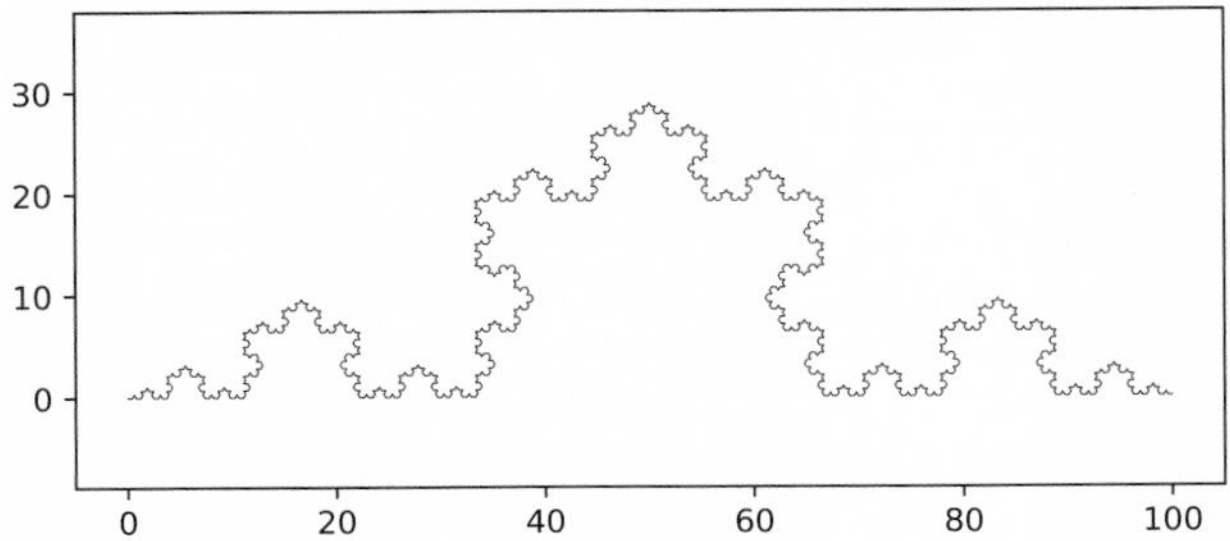

図3-6　K_5

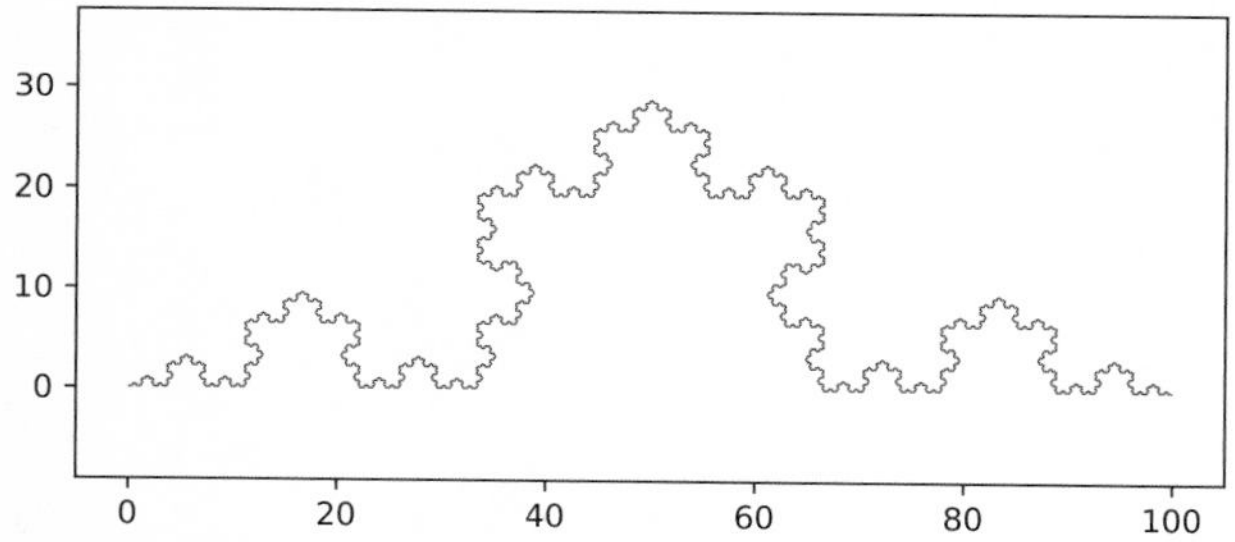

図3-7　K_6

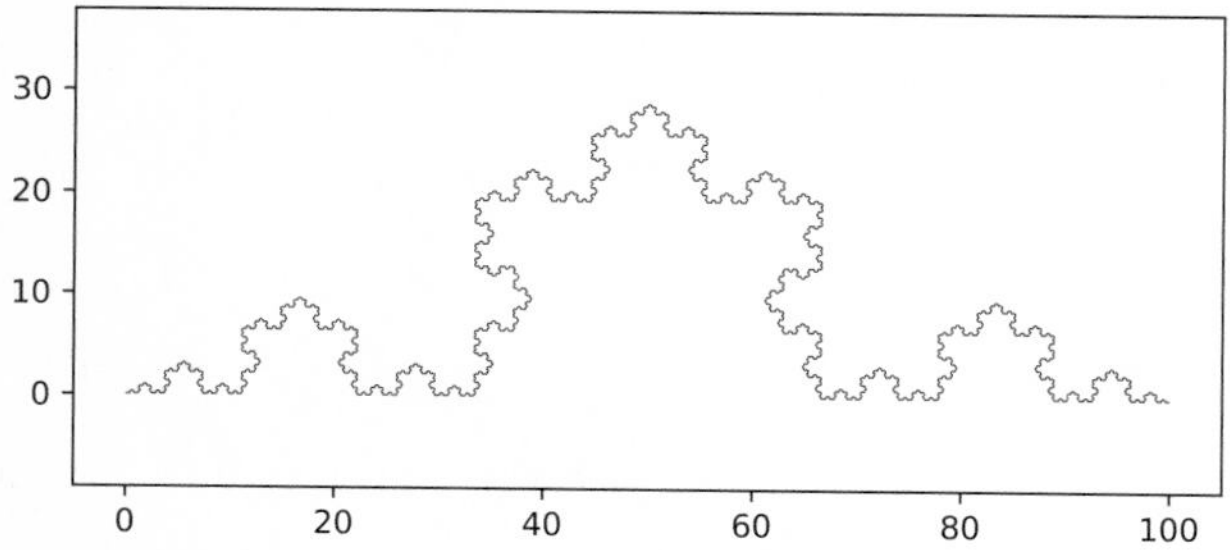

図3-8　K_{10}

肉眼では見ることのできないこの図形は、「コッホ曲線」と呼ばれている。曲線といっても滑らかな線ではなく、微小な線分がつながった図形だ。

スウェーデンの数学者、ヘルゲ・フォン・コッホ（一八七〇〜一九二四）が提唱した図形である。

コッホ曲線は非常に奇妙な性質を持っている。それまでの幾何学の常識を根底からひっくり返してしまうのだ。

まず、K_0（図3-1）の線分OAから作られる図形について考えてみよう。同じように3等分して正三角形を作り底辺を消去する、という作業を無限に続けるのだから、これは明らかに全体と相似になっている。

コッホ

同様に考えて、コッホ曲線のあらゆる部分が全体と相似であることも納得がいくだろう。このように、部分が全体と相似になっている図形を「フラクタル」と呼んでいる。

では、コッホ曲線の長さについて考えてみよう。

K_0の長さを1とする。K_0を3等分して、その線分が4つになったのだから、K_1の長さは次のようになる。

$$K_1\text{の長さ}:1\times\frac{4}{3}$$

まったく同じ操作をするので、K_2の長さも同様にして、

$$K_2\text{の長さ}:1\times\left(\frac{4}{3}\right)^2$$

したがって、一般に、K_nの長さは次のようにあらわされる。

$$K_n\text{の長さ}:1\times\left(\frac{4}{3}\right)^n$$

では、コッホ曲線の長さはどうなるのだろうか。コッホ曲線はK_∞だ。となると、コッホ曲線の長さは無限大ということになる。

これは実に意外な結果ではないだろうか。コッホ曲線は確かに右と左に端がある曲線だ。それなのにその長さが無限大とは、どう理解したらいいのだろうか。

しかしいくら納得しがたいとしても、論理的に考えてその長さが無限大となるのだから、それ

は受け入れなければならない。

また、コッホ曲線のどの部分を取り出しても、まったく同じように考えれば、その長さは無限大となる。コッホ曲線上のどの2点も、コッホ曲線をたどっていくならば、その距離は無限大になってしまうのだ。

次にコッホ曲線の次元について考えてみよう。曲線というからには1次元ではないか、と思うかもしれないが、ことはそう簡単ではない。

常識的な知識としては、直線や滑らかな曲線は1次元、平面や滑らかな曲面は2次元、中身の詰まった塊は3次元ということになっている。もっと厳密に言えば、各点の位置を指定する最小限の座標の個数が次元である、と定義することもできる。

では、コッホ曲線はどうであろうか。その左端を0とし、コッホ曲線上の点の座標を求めてみよう。しかし先ほど確認したとおり、コッホ曲線上の2点は、コッホ曲線をたどる場合、その距離が無限大になる。つまり1つの座標でコッホ曲線上の点を指定することはできない。だから、コッホ曲線は1次元ではない、ということになる。

では、2次元なのだろうか。しかしどう考えても、コッホ曲線が面積を持っているとは思えない。だから2次元と言うのにも無理がある。

とすると、1次元と2次元の中間の次元と考えられるのだが、こうなると、その点を指定するための最小限の座標の個数、という次元の定義では一歩も進めなくなる。

数学では、壁にぶちあたったときに定義を拡張する、ということがしばしばおこなわれる。その場合、それまでの体系に矛盾が生じないように定義を拡張する、という点に注意する必要がある。矛盾しなければ何でも許される、というのが数学だからだ。

たとえば自然数の体系で、引き算が自由にできるようにするため、0《ゼロ》と負の数へと数の定義を拡張する。さらに割り算が自由にできるようにするため分数を導入する、といった具合だ。

もうひとつ例を挙げよう。

累乗はもともと、次のように同じ数を何度かけるか、を示すものだった。

$$3\times3\times3\times3\times3=3^{5}$$

この場合、次の規則が基本となる。

$$a^{n}\times a^{m}=a^{(n+m)}$$

$$\frac{a^{n}}{a^{m}}=a^{(n-m)}$$

この規則に矛盾しないように、累乗の指数の定義を負の数、有理数、無理数というように拡張していき、ついには複素数へまで拡張した。

複素数への定義の拡張が、有名なオイラーの公式だ。

$$e^{ix} = \cos x + i\sin x$$

オイラーの公式は、どうしてそうなるの？　と悩むものではなく、指数の定義を拡張したものだと理解したほうが精神の安定のためにはいいというわけだ。

では、次元の定義を拡大していこう。拡大のしかたはいろいろあるが、一番わかりやすいものは相似次元と呼ばれるフラクタル次元だろう。

まずは1次元の場合から考える。

図3－9のように、線分を2倍に相似拡大する。するとその拡大した図形を埋めるためには、もとの図形が2つ必要となる。3倍に拡大すると、その図形を埋めるためにもとの図形が3つ必要となる。当たり前の話だが、これは1次元の場合だ。

2次元の場合、図3－10のように正方形を2倍に相似拡大すると、それを埋めるためにもとの図形が4つ必要となり、3倍に拡大すると9個必要となる。この4と9はそれぞれ、2の2乗、

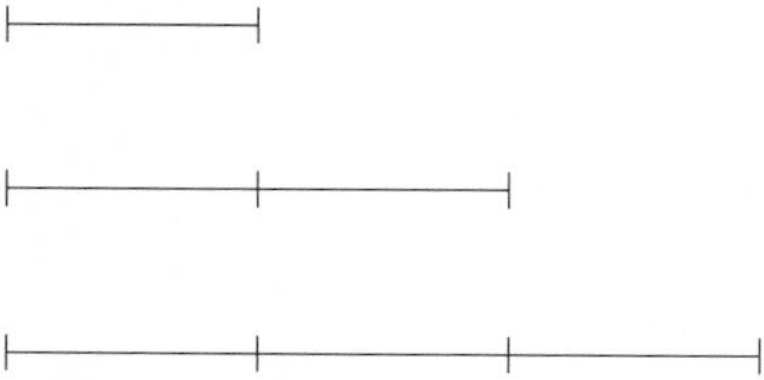

図3-9　1次元の相似拡大

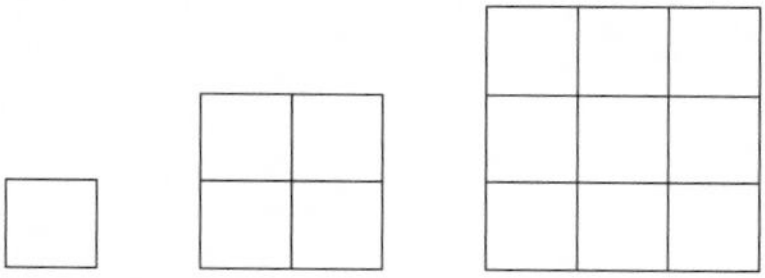

図3-10　2次元の相似拡大

3の2乗を意味していることは図から明らかだろう。

3次元の場合は、2倍に相似拡大すると8個、3倍に相似拡大すると27個必要となる。まとめると表3－1のようになる。

つまり、a倍に相似拡大した場合、それを埋めるためにはもとの図形がb個必要だとする。そして、bがaのd乗であらわされるときのdを相似次元＝フラクタル次元と定義するのだ。

この定義にしたがって、コッホ曲線の次元を考えていこう。

図3－11の左のコッホ曲線は、右のコッホ曲線の左端を切り離したものだ。大きなコッホ曲線は小さなコッホ曲線をちょうど3倍に相似拡大したものになっている。また小さなコッホ曲線を4つ組み合わせると大きなコッホ曲線になる。したがってコッホ曲線のフラクタル次元dは、次の式で求められる。

	2倍	3倍
1次元	$2^1 = 2$	$3^1 = 3$
2次元	$2^2 = 4$	$3^2 = 9$
3次元	$2^3 = 8$	$3^3 = 27$

表3-1　各次元における相似拡大

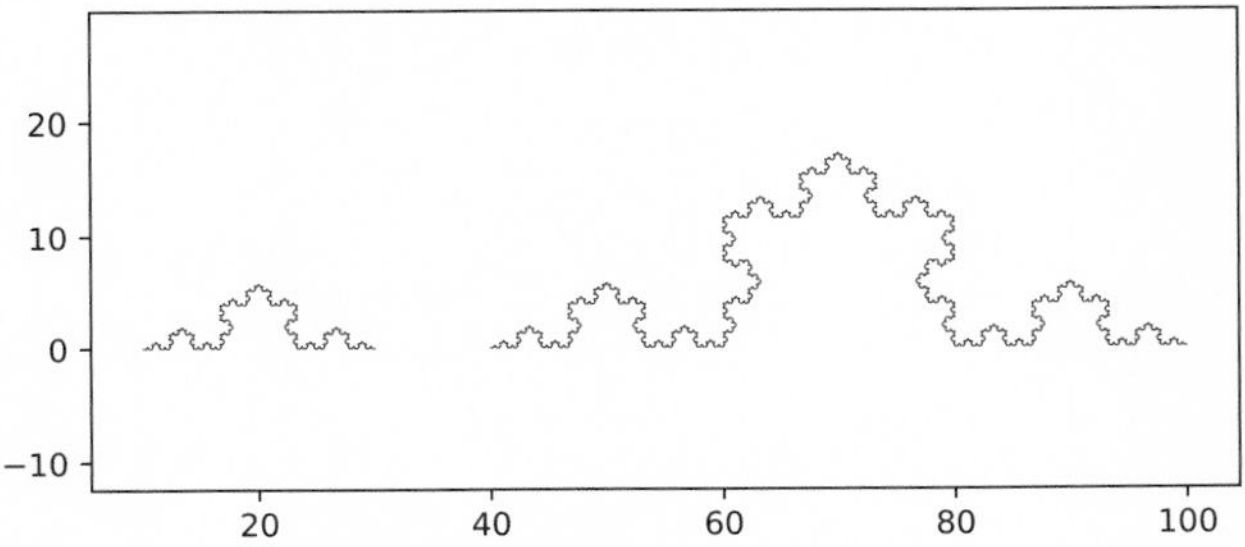

図3-11　小さいコッホ曲線と大きいコッホ曲線

$$4 = 3^d$$

これを計算すると、コッホ曲線のフラクタル次元は約1・26と求まる（具体的な計算はnote 1参照）。

目の前にある有限の存在であるのに無限の長さを持ち、整数ではない次元を持つというコッホ曲線のようなフラクタル図形は、近代のパラダイムにとって実にやっかいな存在だった。何よりもフラクタル図形には、近代のパラダイムの最大の武器である微分がまったく通用しないのだ。

微分というのは、どのようにひね

note 1

コッホ曲線の次元

$$4 = 3^d$$

$$log4 = log3^d$$

$$log4 = dlog3$$

$$d = \frac{log4}{log3} \fallingdotseq 1.262$$

くれた曲線であろうとも、その微小部分をとれば直線になる、という考えにもとづいている。0ではないが、いかなる実数よりも小さな量であるdxとdyで切り取られた部分は直線なので、その比であるdy/dxが意味を持つのだ。

しかしフラクタル図形は、どのような微小部分をとってきても、全体と相似になる。つまり、微分という方法ではまったく歯が立たないのだ。

フラクタル図形についても、カオスのときと同じように、このような病的な現象は例外にすぎない、と考える立場もあった。しかし調べていけば調べていくほど、自然界の中でおびただしいフラクタルが見つかったのだ。

前章に登場したリチャードソンはあるとき、国境を接するふたつの国がそれぞれ国境線の長さについて食い違う結果を発表していることに気がついた。国境線の長さというのは実在しており、それは一定だと考えるのが常識だった。どうしてそれが食い違うのだろうか。

そこでリチャードソンはイギリスの海岸線の長さを、異なる単位で計測してみた。不思議なことに、大きな単位で計測するより、小さな単位で計測するほうが長くなった。それも、ある一定の値に収束するのではなく、無限に長くなるように見えるのだ。

リチャードソンが得たのは、地形がユークリッド幾何学とは異なる振る舞いをする、という驚天動地の結果だったのだが、当時の学界からは無視されてしまった。

リチャードソンの死後、フラクタルの研究で名高いブノワ・マンデルブロ（一九二四～二〇一〇）が『イギリスの海岸線の長さはどのくらいか』という論文の中でこのことに触れた。現在ではリチャードソンは「フラクタルの先駆者」と位置づけられている。

もちろん現実に存在するイギリスの海岸線が厳密な意味でフラクタル図形であるわけではない。イギリスの海岸線に限らず、現実に存在する物質は分子や原子という限界があるので、無限小の部分までも自己相似であるというフラクタルの定義を満足することはありえない。

しかし、イギリスの海岸線がフラクタル的な構造を持っていることは確かで、実際に、計測する単位を小さくしていくと、海岸線の長さはどんどん伸びていくのである。

そのほかにも、フラクタル的な構造の例はたくさんある。スーパーでブロッコリーを見かけたら、詳しく検証してみてほしい。その小片をじっくりと観察すれば、それがブロッコリー全体にそっくりだということに気づくはずだ。

空を見上げれば雲が見える。雲もまた典型的なフラクタルだ。雲とくれば、雪の結晶にも触れておこう。似ていながらも、ひとつとして同じものは存在しないという雪の結晶もまた、フラクタル構造を持っているのだ。

生成文法で名高いノーム・チョムスキー（一九二八〜）は、よく言語を雪の結晶にたとえていた。チョムスキーによれば、雪の結晶と言語との共通点は、①双方とも完全な自然法則に従う、②双方ともフラクタル構造を持つ、③双方とも無限のバリエーションを持つ、だという。

人間の赤ちゃんの脳には言語を理解するプログラムがあらかじめ入力されている。それが生成文法だ。生成文法はきわめて単純な基本構造を持っており、赤ちゃんに入力されている法則はごくわずかに過ぎない。すべての言語はこの基本構造によってつくられている。そして、基本構造の要素となる句がまた同じ基本構造を持っている。さらにその要素となる句もまた同じ基本構造を持っているというように、まさにフラクタル構造になっているのだ。

このフラクタル構造によって、言語は有限の音素をもとに無限を、森羅万象を表現できるのだ、というのがチョムスキーの主張なのだ。

また肺は、血液が空気中の酸素を吸収し空気の中に二酸化炭素を排出する重要な器官だが、そのためには血液が空気に接する面積が広くなければならない。人間の肺は3リットルほどの器官にすぎないが、その中にある肺胞を広げるとテニスコートに匹敵する広さになるという。

どうしてこんなことが可能なのか。肺胞の構造がフラクタルだからなのだ。両端のある有限なコッホ曲線が無限の長さを持つように、フラクタルなら有限の体積の中に無限の表面積を内包することができる。もちろん人間の肺は、物質としての限界があるため純粋なフラクタルではないが、フラクタル的な構造を持っているためにこのようなことが可能なのだ。

肺のフラクタル次元は約2・17だという。フラクタル次元が大きければ大きいほど表面積が大きくなるという効果があるが、同時に曲面の凹凸が激しくなって空気の流れが妨げられるので、2・17という値に落ち着いたのではないか、と思われる。

同じ理由で小腸の柔突起や、腎臓の糸球体もまたフラクタル的な構造を持っている。体内の毛細血管がフラクタル構造を持っている、というのもよく知られた事実だ。

そして脳の表面のしわもまた、フラクタルなのである。そのフラクタル次元は2・73～2・79ほどだという。

では、コッホ曲線以外のフラクタルを紹介していこう。

2

シェルピンスキーの三角形

三角形を描く。

これをS_0としよう（図3－12）。

各辺の中点を結ぶと、もとの三角形と相似な4つの三角形があらわれる。相似比は2対1だ。

このとき、中央の三角形を取り除く（図3－13）。

これがS_1だ。

残された3つの三角形について同じ操作を実行する。

するとS_2が登場する（図3－14）。

この作業をどんどん続けていくのだが、すぐに三角形が線の幅よりも小さくなってしまい、描くことができなくなる。どんな様子なのか雰囲気を知っていただくために、S_9を掲載しておく（図3－15）。

この操作を無限に繰り返した図形、つまりS_∞が、「シェルピンスキーの三角形」だ。ポーランドの数学者、ヴァツワフ・シェルピンスキー（一八八二〜一九六九）が提唱した図形だが、これもコッホ曲線に勝るとも劣らぬ病的な性質を有している。

まず面積を考えてみよう。

S_0の面積を1とすると、S_1の面積はその4分の3、S_2の面積はまたその4分の3になっている。つまりS_nの面積は次の式になる。

図3-12　S_0

図3-13　S_1

図3-14　S_2

$$S_n \text{の面積：} \left(\frac{3}{4}\right)^n$$

$n \to \infty$のときはどうなるか。当然、面積は0になる。シェルピンスキーの三角形は存在しているのに、その面積は0なのだ。まるで幽霊のような図形なのである。

辺の長さはどうなるのだろうか。

S_0の辺の長さを1とすると、S_1の辺の長さはその2分の3、S_2の辺の長さはまたその2分の3になる。

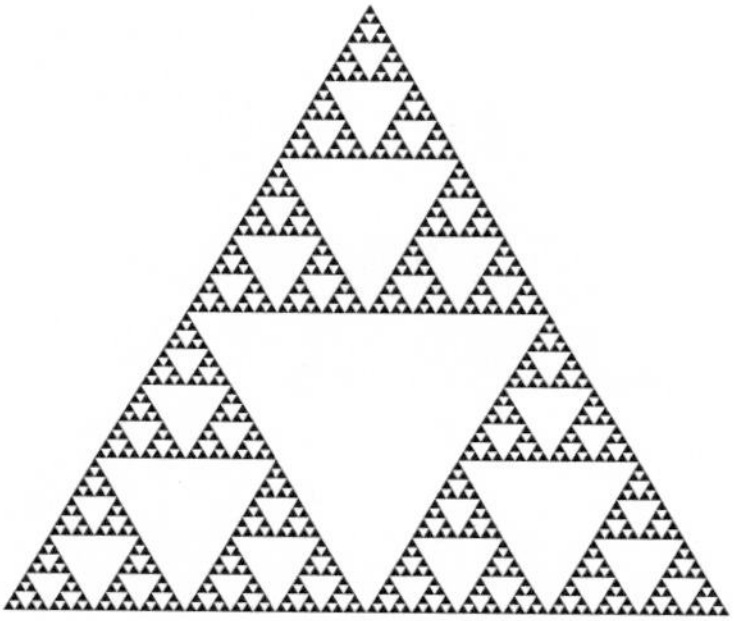

図3-15　S_9

したがってS_nの辺の長さは次の式になる。

$$S_n \text{の辺の長さ：} \left(\frac{3}{2}\right)^n$$

$n \to \infty$のとき、その辺の長さは無限大になる。実に奇妙な図形だ。

シェルピンスキーの三角形のフラクタル次元はどうなるだろうか。シェルピンスキーの三角形を2倍に相似拡大した図形を埋めるためには、もとの図形が3つ必要となる。したがってそのフラクタル次元をdとすると、dは次の式で表される。

$$3=2^d$$

これを解くと、フラクタル次元は約1・58となる（note 2参照）。

同じようにして、正方形の各辺を3等分し、向かい合う3等分点を結ぶ。すると正方形は9つの小さな正方形に分割されるが、そのうちの中央の正方形を除去し、残った正方形すべてに同じ操作をする。この作業を無限に繰り返すと、やはり同じような図形が得られる。この図形も面積が0という幽霊のような存在であり、図示するのは不可能だが、イメージをつかむために作業を途中で止めた図を掲載しよう（図3-16）。

これは「シェルピンスキーのカーペット」と呼ばれて

note 2

シェルピンスキーの
三角形の次元

$$3=2^d$$

$$\log 3=\log 2^d$$

$$\log 3=d\log 2$$

$$d=\frac{\log 3}{\log 2}\doteqdot 1.58$$

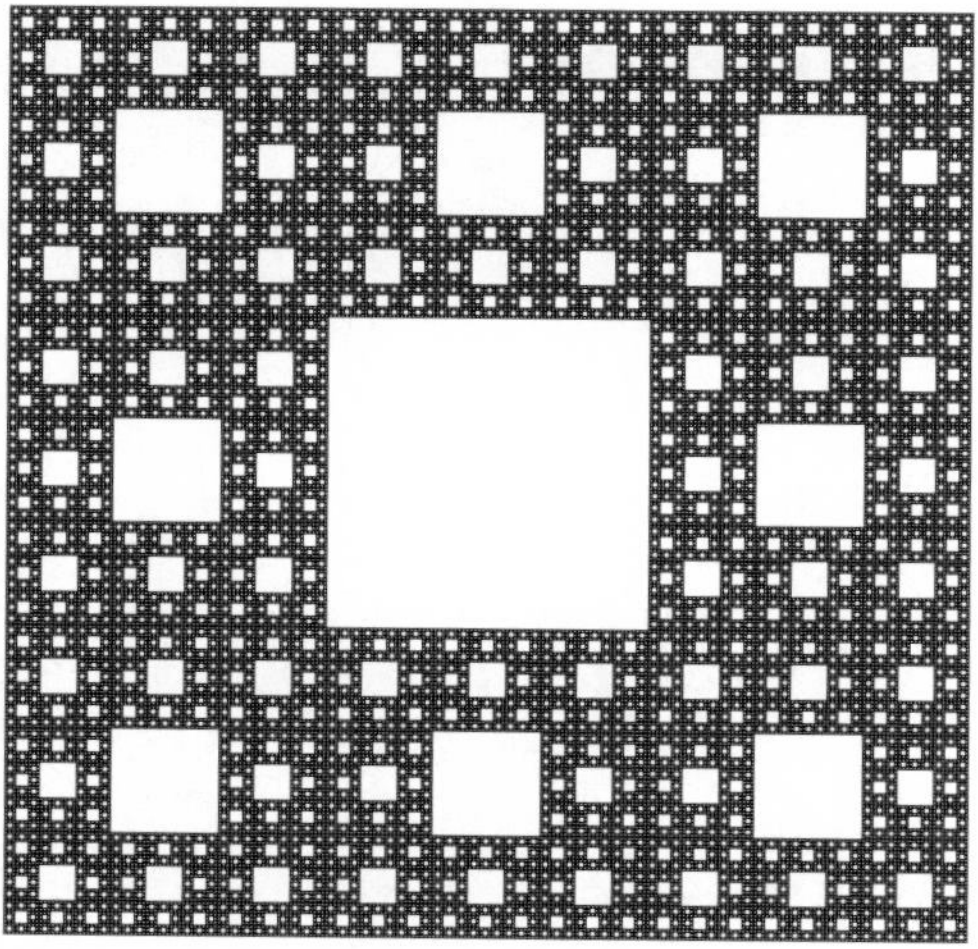

図3-16　シェルピンスキーのカーペット

図3-17　メンガーのスポンジ

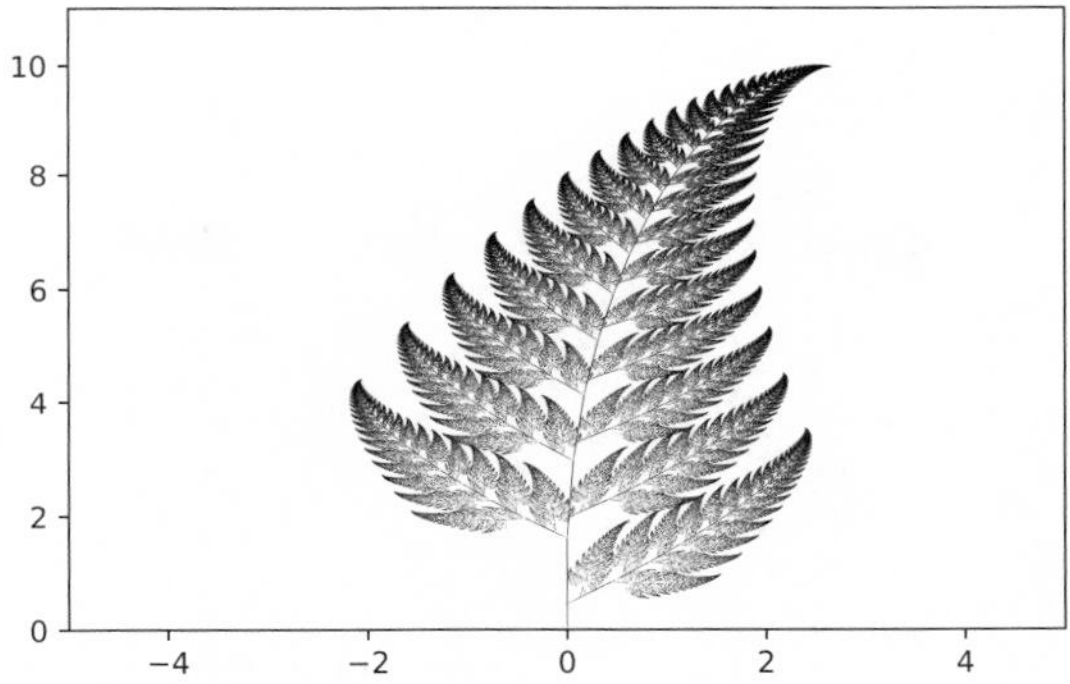

図3-18　バーンズリーのシダ

いる。フラクタル次元は次の式で与えられ、約1・89となる。

$$8 = 3^d$$

立方体でも同じようなことが可能で、これは「メンガーのスポンジ」（図3-17）と呼ばれている。その名はカール・メンガー（一九〇二〜一九八五）にちなんだものだ。メンガーのスポンジもその体積は0であり、幽霊のような存在で目には見えない。この図はあくまでイメージだ。フラクタル次元は約2・73になる。

図3-18は、マイケル・バーンズリー（一九四六〜）が考案した「バーンズリーのシダ」だ。コッホ曲線などと同じように数式を用いてコンピュータで描画したものだ。バーンズリーの方法はコンピュータグラフィックスなどに大きな影響を与えている。

3

ジュリア集合

高校の数学の課程には、複素数と行列が交替するように含まれたりはずされたりしているという話を聞いたことがある。はるかな昔、わたしが高校生のときは、大学受験の範囲に複素数は含まれていたが、行列は含まれていなかった。現在高校で複素数を教えているかどうかは知らないが、読者の中には複素数についてきちんと学んでいない人もいると思うので、簡単に整理しておこう。

数直線上にある数を実数という。実生活をするうえでは、実数さえおさえておけば何の不便もないのだが、方程式を解く段になると困ることが起こる。つまり、実数だけでは、次の方程式を解くことはできないのだ。

$$x^2 = -1$$

note 3

複素数どうしの掛け算

$$
\begin{aligned}
&(3+4i)\times(2-5i)\\
&=3\times2+3\times(-5i)+4i\times2+4i\times(-5i)\\
&=6-15i+8i-20i^2\\
&=6-15i+8i-20\times(-1)\\
&=6-15i+8i+20\\
&=26-7i
\end{aligned}
$$

そこでこの解のひとつ、$\sqrt{-1}$を虚数iとし、aとbを実数として、

$$a+bi$$

という数を定義し、これを複素数と呼ぶことにした。複素数を係数とするn次代数方程式は複素数の範囲でn個の解を持つ、という代数学の基本定理があるので、これですべての代数方程式を相手にすることができるようになったわけだ。

複素数の計算は、普通の代数の計算のように進めて、i^2が出てきたらそれを-1に代える、という操作をすればよい。何も難しいことはない。

複素数どうしの掛け算の実例をnote 3に載せておく。

bが0でない複素数は当然のことながら数直線上に存在しない。そこで、実数の数直線と垂直になるように虚数軸

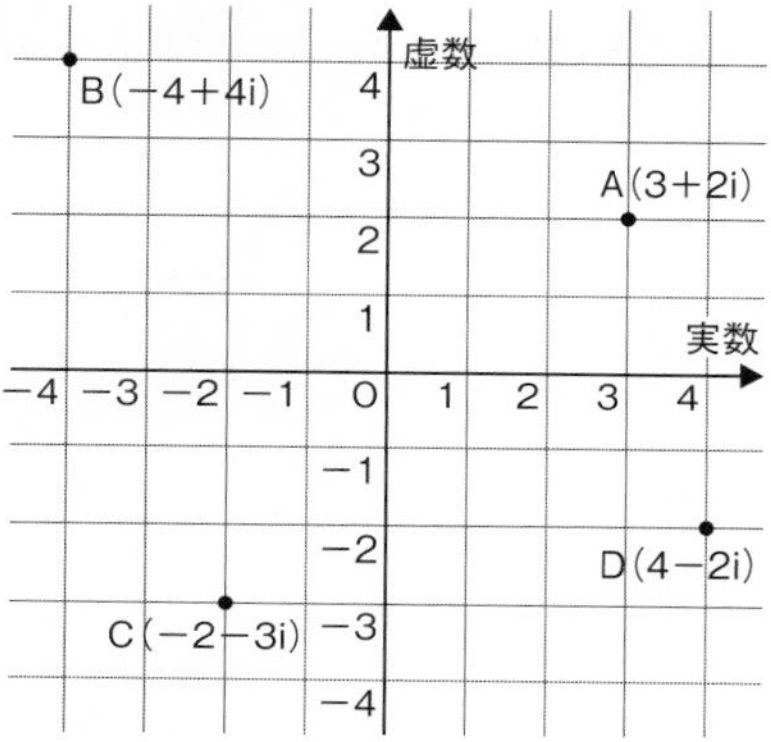

図3-19　複素平面

をつくり、その平面上で複素数を表現する。この平面を複素平面という。図3-19がその例だ。A、B、C、Dの四つの点を記したので、どういう仕掛けかはすぐにわかるはずだ。

さて、この複素平面で、次の写像を考える。

$$z \to z^2 + c$$

zもcも複素数だ。これは次の数列と考えてもよい。

$$z_{n+1} = z_n^2 + c$$

ロジスティック写像のような離散力学系であることは、すぐに見てとることができるだろう。この簡単な式が、実に不思議なことを引き起こすのである。

まず、一番簡単な例として、cが0の場合を考えていこう。初期値を次の点にする。

A：$0.3+0.5196i$

これをどんどん2乗していけばいい。図3－20を見ればわかるとおり、ぐるぐる回りながらどんどん原点に近づいていく。

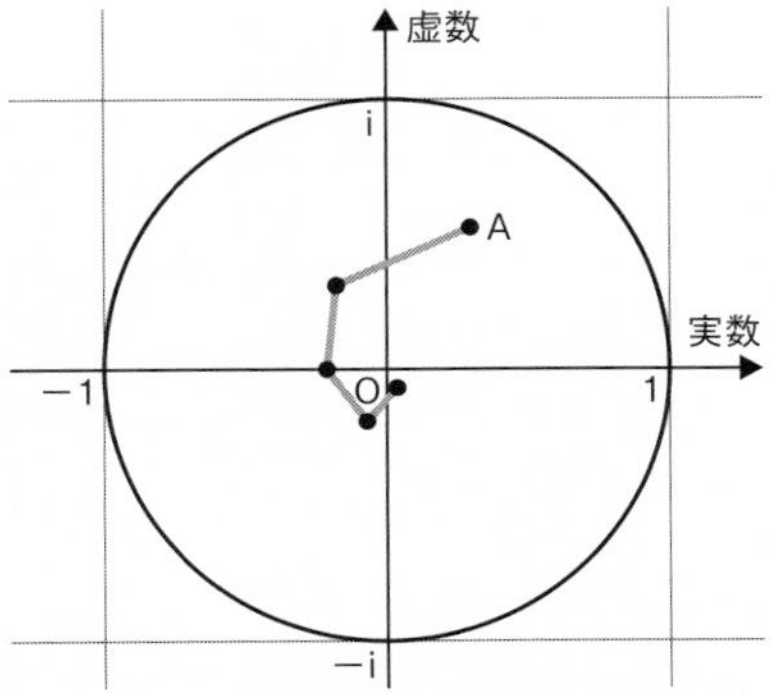

参考までに点Aは0.6(cos60°＋isin60°)

図3-20　Aは原点に近づく

では初期値を次のBにしてみよう。

B：$1.879+0.6840i$

今度は図3－21のように、ぐるぐる回りながらどんどん外に飛び出していく。

複素数と原点との距離を絶対値というが、複素数を2乗すると絶対値も2乗になる。だから絶対値が1よりも小さいとどんどん原点に近づいていき、絶対値が1よりも大きいと今度は外に飛び出していき、すぐに

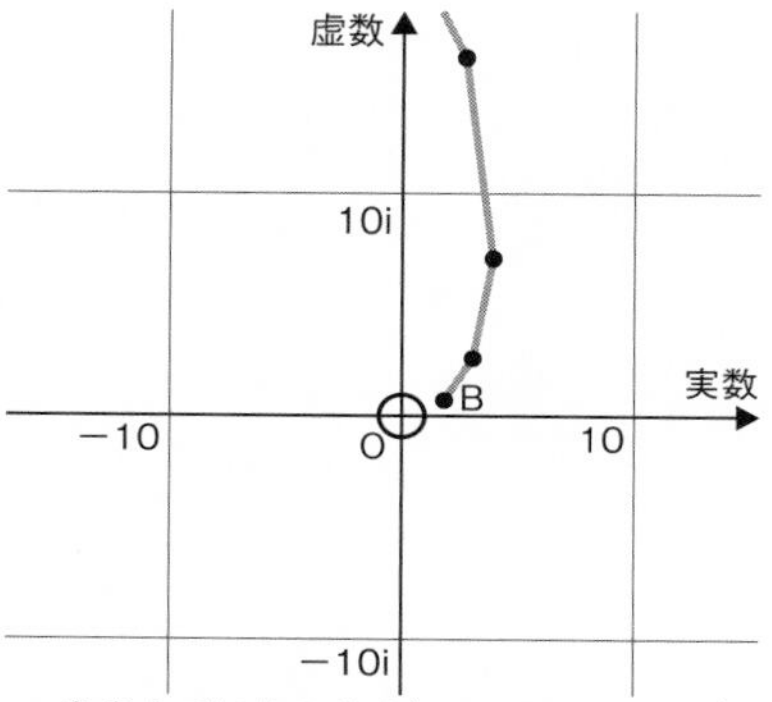

参考までに点Bは2(cos20°＋isin20°)

図3-21　Bは外に飛び出す

見えなくなってしまう。また絶対値が1なら、絶対値はずっと1のまま、ということになる。

二つの図には半径1の円を描きこんでおいたが、初期値がこの円の内側にあればその点はぐるぐる回りながら原点に近づいていき、外側にあればすごい勢いで外に飛び出していく。そして円の上にあれば、永遠に円の上を回り続けることになる。

このとき、外に飛び出していかない点の集合をジュリア充塡集合、その境界をジュリア集合という。

だから、cが0のときのジュリア集合は半径1の円周であり、ジュリア充塡集合はその内側ということになる。

cが0の場合、とくにおもしろいことは起こらないが、cにいろいろな値を入れていくと、ジュリア集合はとんでもない変身をする。いまではジュリア集合についてもいろいろなことがわかってきているが、ここは難しいことは言わず、ジュリア集合の動物園を楽しんでほしい。

図3-22　$a = -0.8$　$b = 0.15$

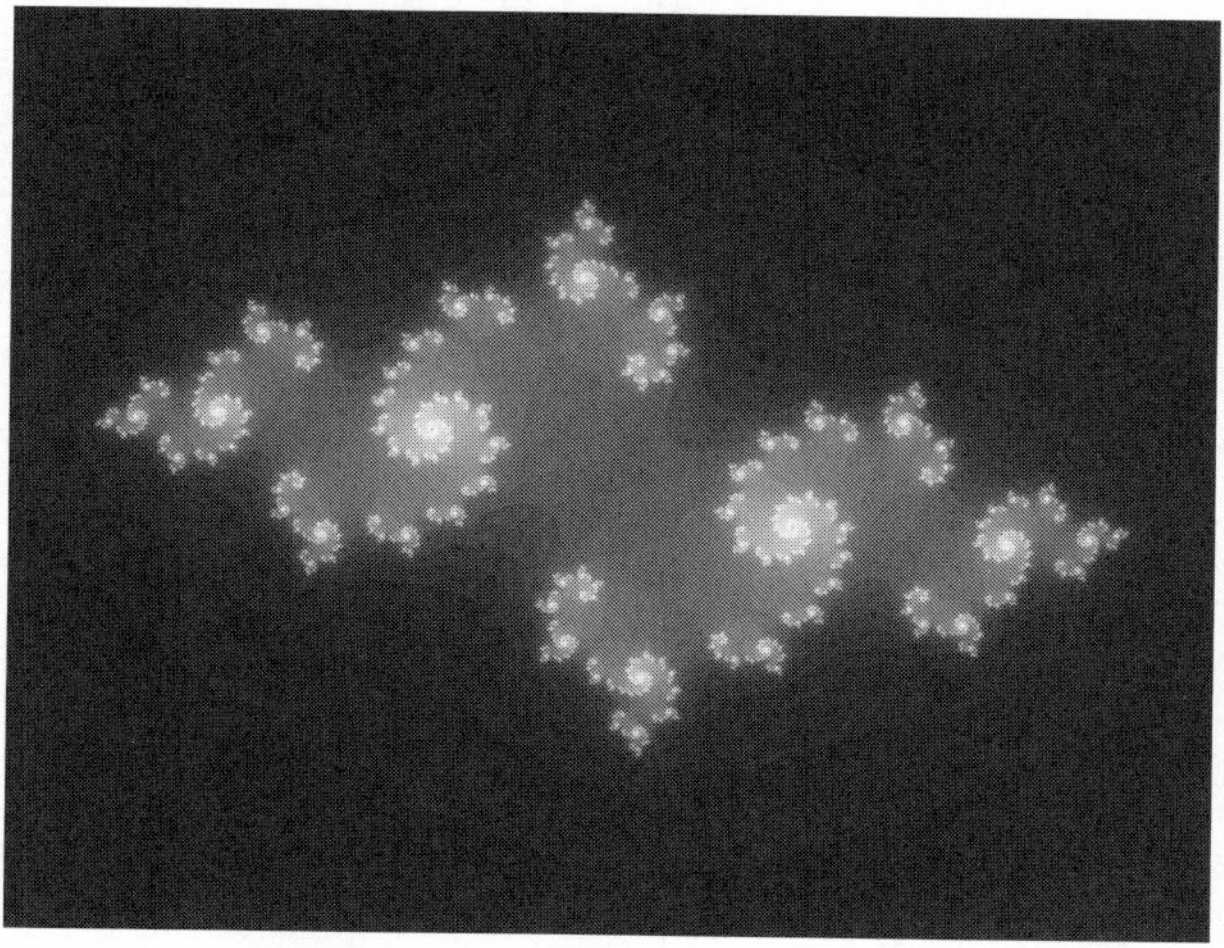

図3-23　$a = -0.8$ $b = 0.3$

$$c = a + bi$$

として、aやbにいろいろな数を入れてジュリア充塡集合を描いてみた。

まずはaをマイナス0・8、bを0・15とした場合だ（図3－22）。何やら不気味な雰囲気が漂っている。

bを0・3に変えてみた（図3－23）。これだけで、様子ががらりと変わってしまう。

図3－24、なんだか花畑のようになっている。

図3－25、花畑が一転して、恐ろしげな姿になった。

図3－26、最後は何かはかなさを感じさせるジュリア集合だ。

ジュリア集合を研究したのは、ガストン・ジュリア（一八九三～一九七八）だ。研究をはじめた頃は、コンピュータなどまだ夢の世界のものだった。手作業でジュリア集合の姿を描き出すなどということはとてもできない。つまりジュリアは、ジュリア集合がどういう姿をしているのかまったくわからないまま研究していたのである。

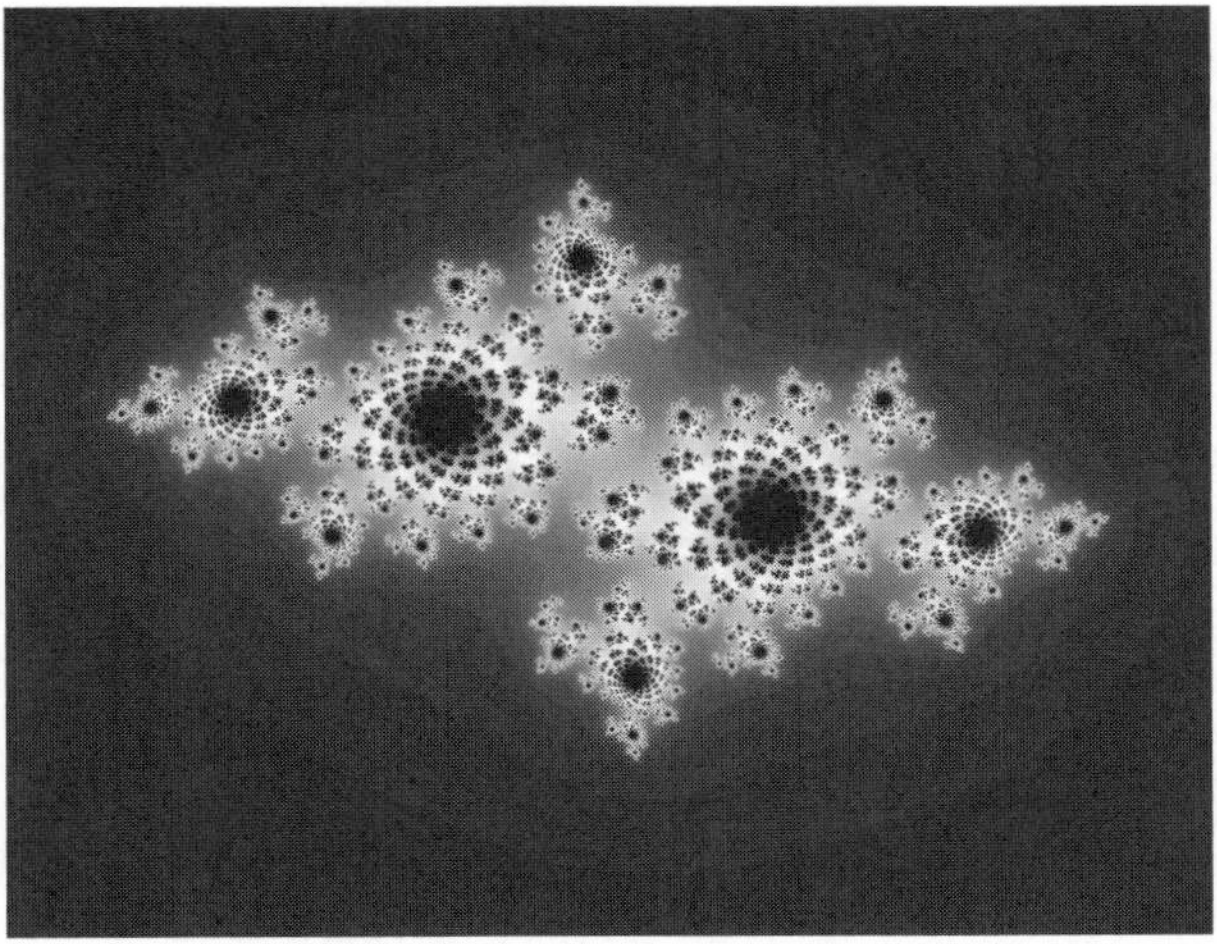

図3-24　$a = -0.7$ $b = 0.3$

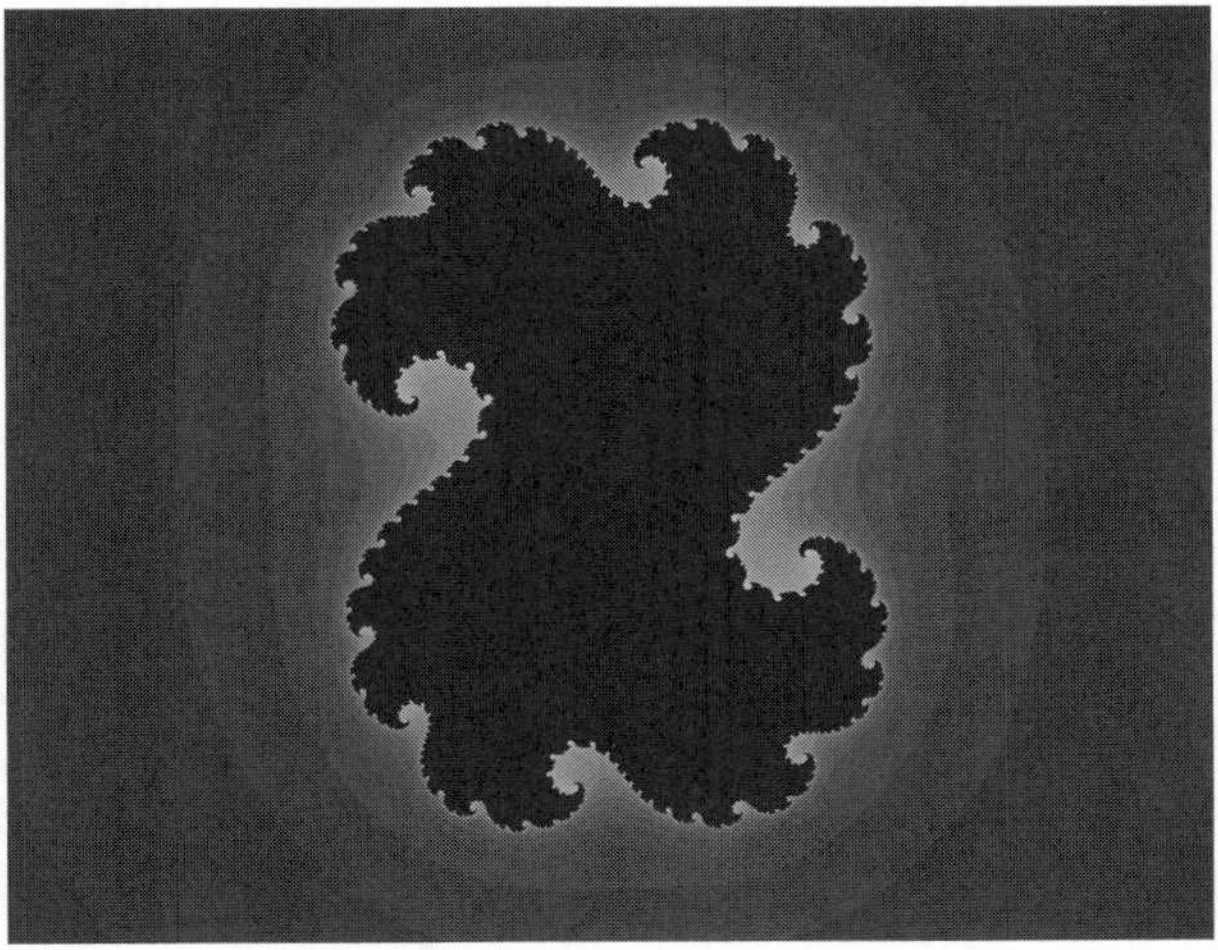

図3-25　$a = 0.3$ $b = 0.04$

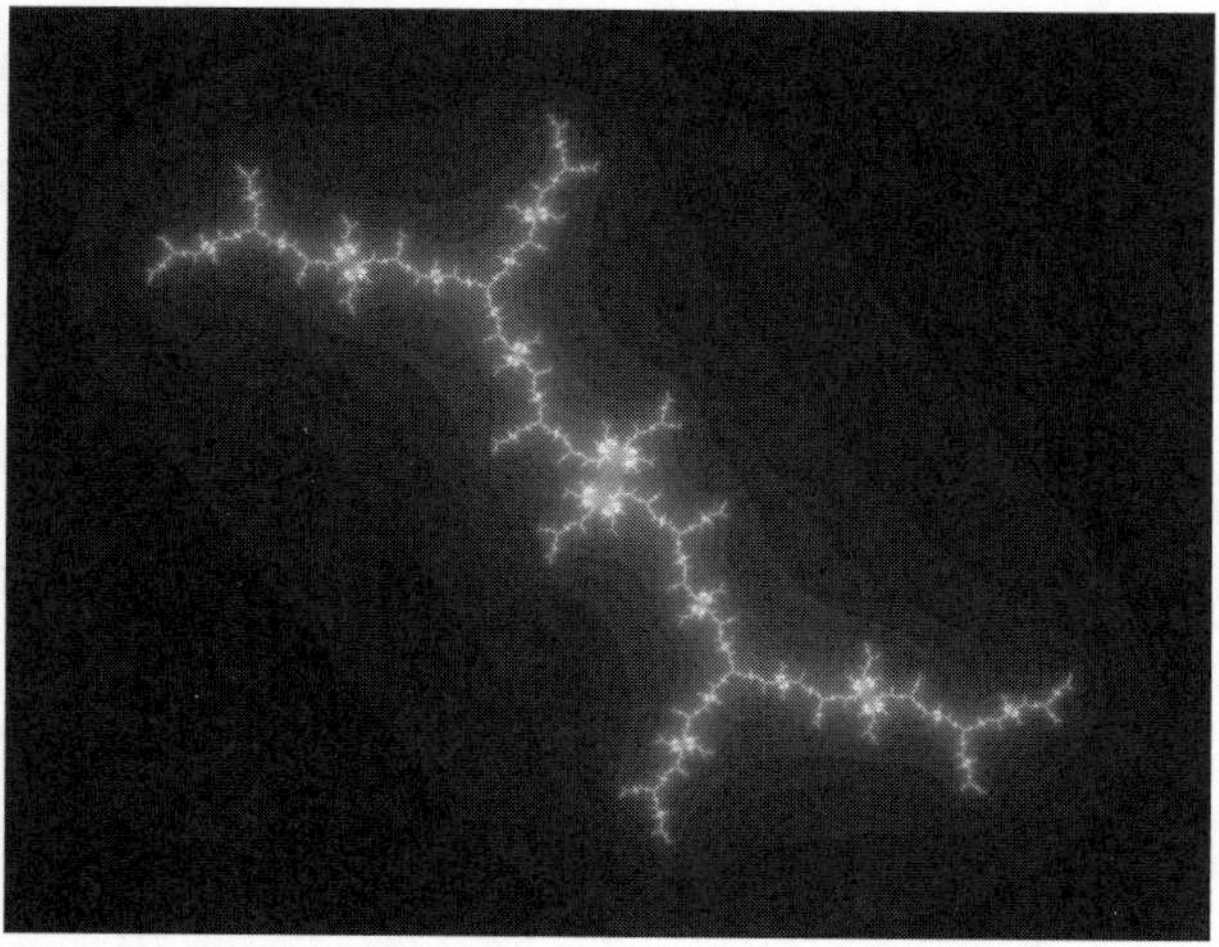

図3-26　$a = 0.15$　$b = 1.03$

4　マンデルブロ集合

フラクタルの華、マンデルブロ集合の登場だ。

この集合を研究したマンデルブロは、ラテン語のfractusからフラクタルという言葉をつくった人物でもある。fractusは、物が壊れて不規則な破片になった様子をあらわす言葉だという。

マンデルブロ集合はジュリア集合の兄弟分だ。マンデルブロ自身、ジュリアのもとで研究者生活をはじめたという因縁がある。

ジュリア集合は、次の写像で c を固定した場合、無限のかなたに発散しない点の集合だった。

$$z \to z^2 + c$$

つまりジュリア集合内の点は、この写像を繰り返しても永遠にジュリア集合の内側に閉じ込められる。

マンデルブロ集合は、出発点を原点＝0とし、この写像によって無限のかなたに発散しないcの集合を意味する。cも複素数なので、当然、複素平面の上の点をあらわしている。

厳密にいえば、無限のかなたに発散しないcの集合をマンデルブロ充塡集合といい、その境界をマンデルブロ集合と呼んでいる。

つまり、cがマンデルブロ集合の内側にあれば、0から出発した点はこの写像を繰り返しても永遠にマンデルブロ集合の内側に閉じ込められるというわけである。

マンデルブロが研究をはじめた頃は、やはりコンピュータなどなかった。一九七八年、やっと普及しはじめたコンピュータを使って最初に印刷されたマンデルブロ集合の姿は図3－27のようなものだったという。高精細ディスプレーなどは望むべくもなく、アステリスク（＊）で印字したのだ。それでも、プリンターから少しずつ吐き出される図を見ながら、研究者たちは興奮のる

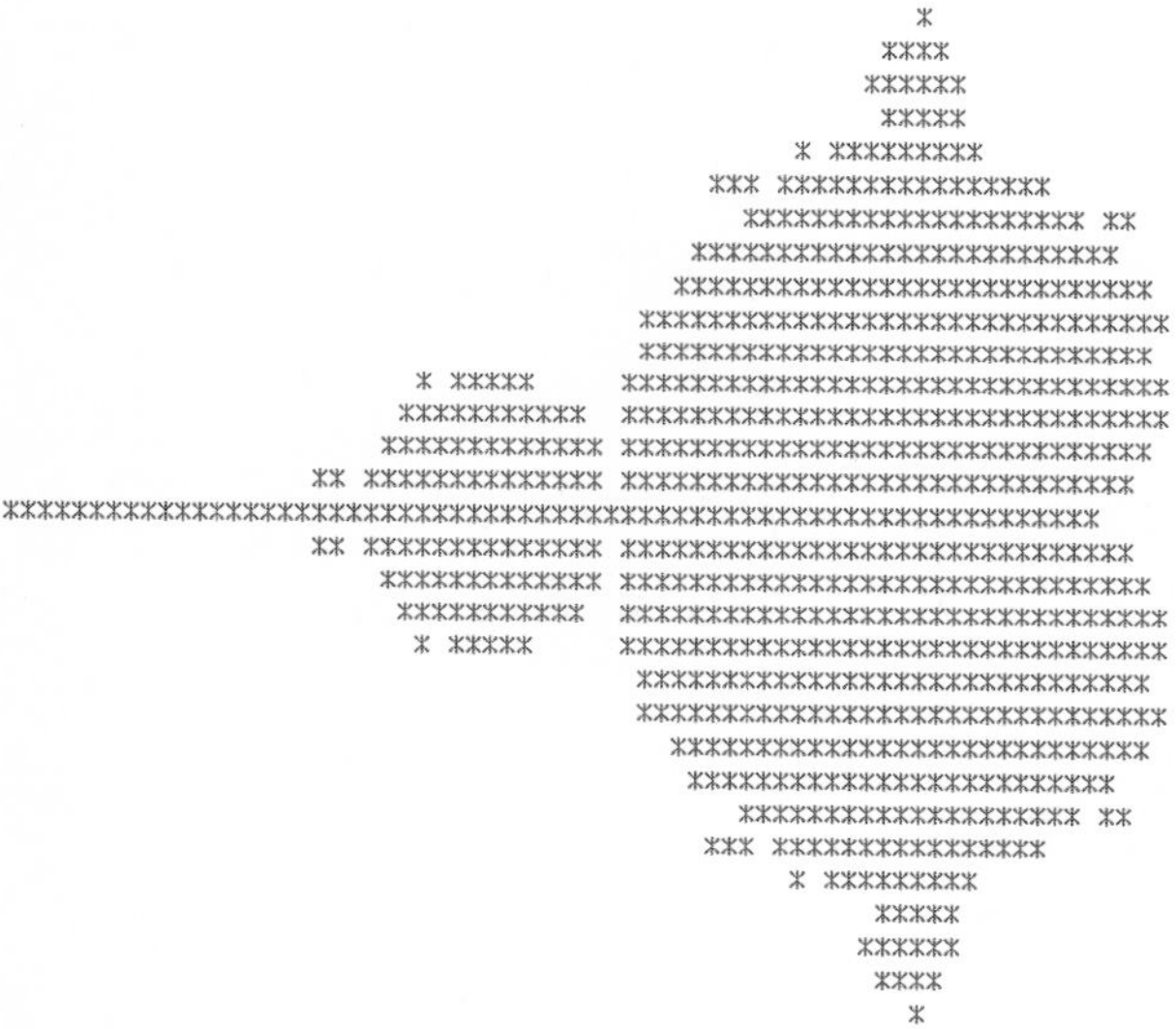

図3-27　最初に印刷されたマンデルブロ集合の姿

つぼと化したと伝えられている。

図３－28がマンデルブロ集合の姿だ。境界の外側の濃淡が変化しているのは、無限のかなたに発散する速さによって濃淡を変化させているためだ。

図の矢印の部分を40倍ほど拡大してみよう（図３－29）。

なんと、もとの図と同じようなものがそこに姿をあらわすではないか。なんとも不思議な光景だ。まさに、芥子粒《けしつぶ》の上にも世界は存在し、そこにも仏がおわすという、密教の曼荼羅《まんだら》の世界ではないか。

密教では仏典の世界を観想するという修行をおこなう。楠 正成《くすのきまさしげ》が悟《ご》

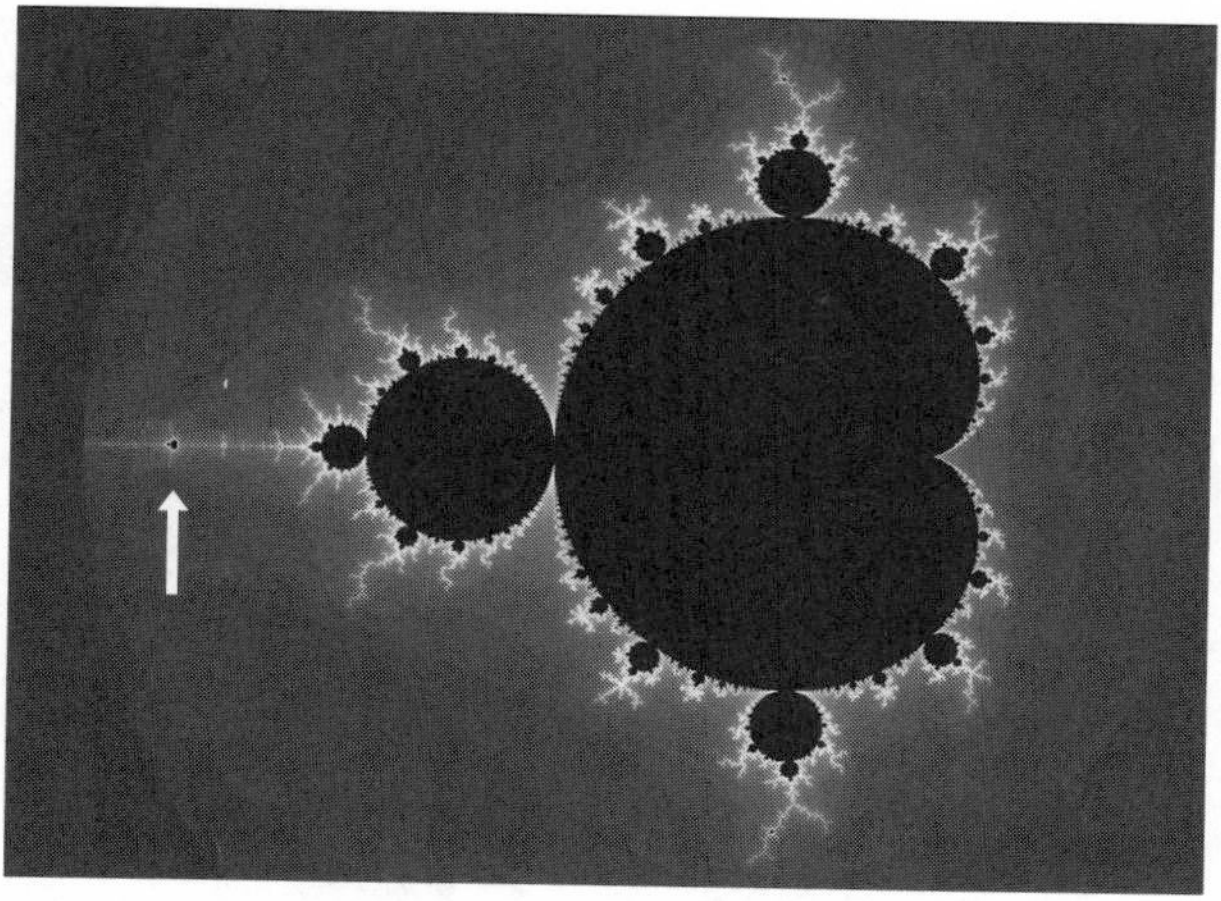

図3-28　マンデルブロ集合

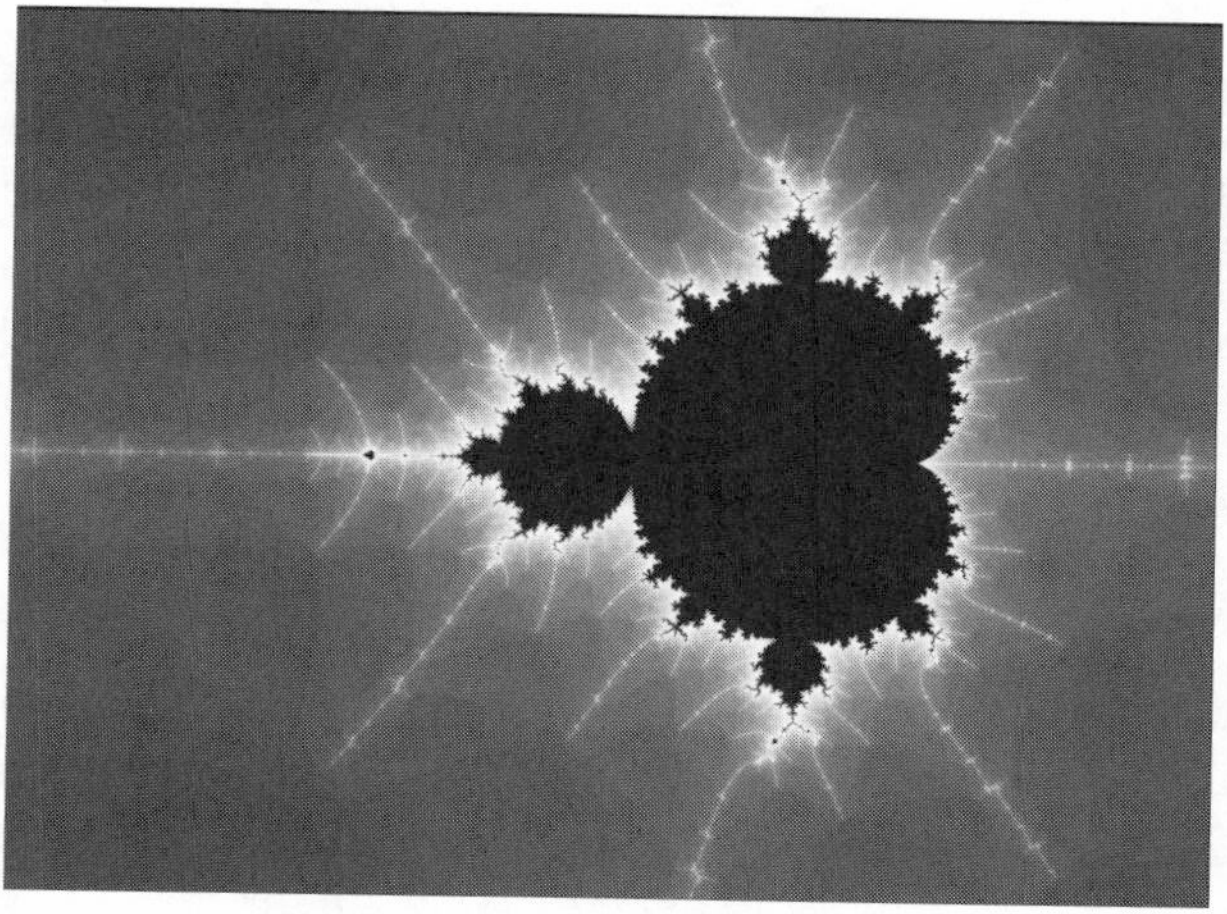

図3-29　図3-28の矢印の部分を拡大したもの

マンデルブロ

瑞《ずい》という瑜伽女《ゆがにょ》の助けを得て世界を観想する様子を紹介しよう。

正成は悟瑞とともに、この世界の隅々まで旅してまわった。

星々のざわめく天空から、奇妙な魚がうごめく光も届かぬ海の底まで。空高く舞い上がりこの世界の全体像を俯瞰《ふかん》したこともあれば、芥子《けし》粒の上に広がる豊かな世界を目にして驚いたこともある。悟瑞の体内へ、そして自分自身の体内へも行ってみた。そして、どこへ行こうと毘盧遮那仏《びるしゃなぶつ》がおわすことをこの目で見た。

天地を覆う巨大な曼荼羅と同じものが、自分の体の中にも、あるいは小さな埃《ほこり》の粒の上にもあったのだ。

この世界は幾重にもかさなった重層構造になっている。そしてそのひとつひとつに、毘盧遮那仏が存在する。

部分が全体を包含する、それがこの世界の構造なのだ。

常識で考えればそんなことはありえない。しかし倶生歓喜《くしょうかんき》の中で、正成はそれが真理であることを悟った。

この世界のどのような微小な部分を取り出しても、そこに毘盧遮那仏がいる。そこにある曼荼羅は、世界全体の曼荼羅と同じものなのだ。

この世界も、羊歯《しだ》の葉の、小さな一部分が全体と同じ形になっているのと同じ構造になっている。

そのことを身体の奥底で感じたとき、正成は生きていることそのものの歓喜に包まれた。

おのれの肉体も毘盧遮那仏の働きなのだ。

すべての生あるものは、毘盧遮那仏の働きなのだ。

そのことを言祝《ことほ》がずにはいられない。

一切の有情《うじょう》は如来蔵《にょらいぞう》である、という言葉が、心の奥深くまで滲み入っていく。

（『悪党の戦』金重明、講談社、二〇〇九）


図３‐29のところをもう少し拡大してみよう。すると、図３‐30になる。

今度は図３‐28の右下の小さなこぶのあたりを拡大してみよう（図３‐31）。

なんとも不思議な光景だ。図３‐32は図３‐31の右下にあるこぶを拡大したものだ。

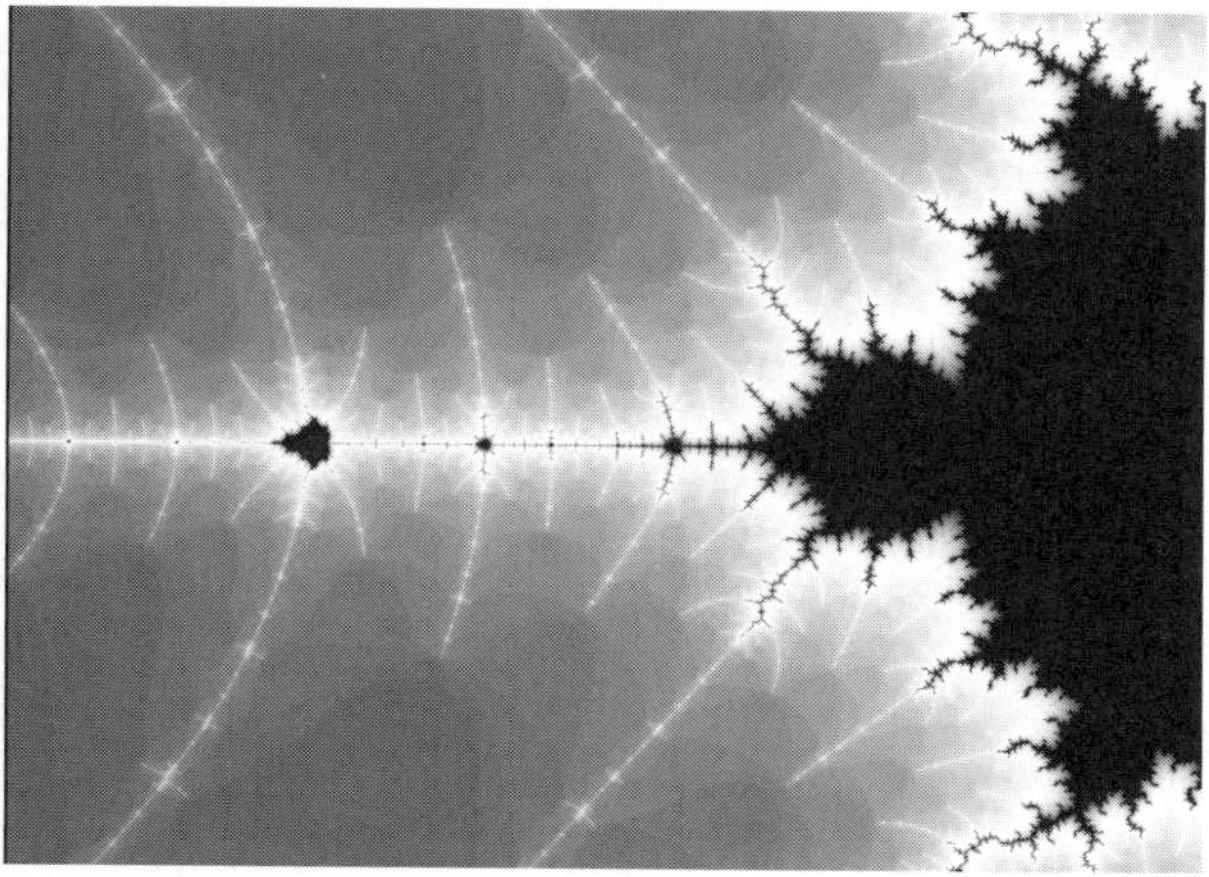

図3-30　図 3-29 をもう少し拡大したもの

図3-31　図 3-28 のこぶのあたりを拡大したもの

紙の本でマンデルブロ集合の魅力を伝えるのはほとんど不可能だ。ここを読んだ読者の皆さんは是非「Mandelbrot Zoom」などで動画検索をして、マンデルブロ集合の世界に迷い込んでほしい。時のたつのを忘れるような美しさがそこにはある。もとのマンデルブロ集合を極端に拡大したとき、たとえば太陽系ほどの大きさまで拡大したその果てで、マンデルブロ集合とそっくりの、奇妙なこぶのついたハートの形にお目にかかることもできるはずだ。

また、マンデルブロ集合やジュリア集合を描画するソース・プログラムはインターネット上に多数掲載されているので、コンピュータを使える人は実際に描画してみることをお勧めする。プログラムに少し手を加えると、望む場所の拡大画像を描くこともできる。もっとも、コンピュータの数値計算の限界があるので、あまり極端な拡大はできないが（少なくともわたしが愛用している旧式コンピュータの場合はちょっと複雑なことをやらせるとやたらと時間がかかり、思ったほどきれいな画像が出てこなかったりする）。

自分で描画したマンデルブロ集合の一部を拡大していくと、想像もしていなかった画像が登場したりする。そうやってマンデルブロ集合の大陸を探検していくと、やみつきになるはずだ。一歩進むごとに登場する奇妙奇天烈な図形の数々、その豪華絢爛たる饗宴《きょうえん》を堪能してほしい。

この章の第一節で、部分が全体と相似になっている図形をフラクタルというと述べたが、現在ではフラクタルという概念はもっと広くとらえられている。定義のやりかたはいろいろあるが、

図3-32　図3-31の右下のこぶを拡大したもの

簡単に言えば、フラクタルとは「整数ではない次元を持つ図形」と考えることができるだろう。もっともこの場合は、次元の概念を前に説明した相似次元よりさらに拡大する必要がある。

実は、ロジスティック写像のところで登場した図2-5もフラクタルなのだ。とくにa＝3・57のあたりを拡大していくと、マンデルブロ集合に勝るとも劣らない複雑な図形が登場する。

現象をどんどん細かく分解していけばやがては単純な要素が残る、というのが人間の常識だ。分析を進め、夾雑物《きょうざつぶつ》を取り除き、本質を抉り出すという近代のパラダイムもこの常識の上に成立している。

フラクタルの発見は、近代のパラダイムを射る第二の矢となった。近代のパラダイムでは、いくら拡大しても複雑さが完璧に維持されるフラクタルを解明することはできないのだ。

しかしそれでも、近代のパラダイムの本陣は健在だ。

複雑系の探求は、まだまだ先が長い。

第四章
ライフゲーム

1

生成消滅の饗宴

無限に広がる方眼がある。

碁盤や将棋盤を無限に拡大したようなものを想像してほしい。

一つ一つの方眼をセルと呼ぶ。セルには黒と白の二つの状態があり、その状態を決するのは、その周囲にある八つのセルの状態だ。セルの上下左右、つまり辺で接している四つのセルをノイマン近傍といい、それに右上、右下、左上、左下、つまり頂点で接している四つのセルを加えた八つのセルをムーア近傍と呼んでいるが、ここで問題となるのはムーア近傍のほうだ。また、以下はムーア近傍を簡単のため「近傍」と呼ぶことにしよう。

セルの状態を決定する規則は次の二つだ。

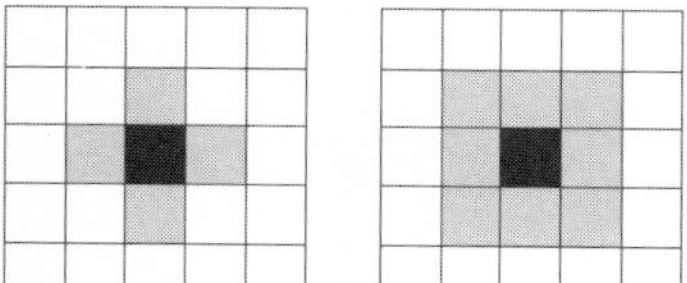

図4-1　ノイマン近傍（左）とムーア近傍（右）

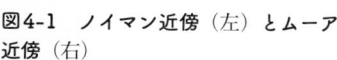

①現在のセルが黒だった場合、近傍にある黒のセルが二つか三つの場合は黒のまま、それ以外は白になる。
②現在のセルが白だった場合、近傍に黒のセルが三つの場合だけ黒になり、それ以外は白のまま。

このモデルは、たとえば培養器の中のバクテリアなどを念頭において考えられた。そのため、次のような物語風のルールで説明することもある。

①生きているバクテリアの場合、近傍に4匹以上のバクテリアがいれば過密のため死滅し、近傍に1匹以下しかいない場合はさびしくて死滅する。近傍にいるバクテリアが2匹、3匹のときだけ生き残る。
②バクテリアがいないセルの場合、近傍にちょうど3匹バクテリアがいる場合に限り、三者セックスによって新しいバクテリアが誕生する。

当然、その意味するところは同じだ。この過程は離散的に進行するので、それを時刻0、時刻1、時刻2、……、のように表記しよう。

時刻0ですべてのセルが白であれば、時刻1で何も起こらない。

図4－2のように、たった一つのセルだけが黒だった場合、このセルは寂しさに耐えかねて白になる。近傍に三つの黒のセルは存在しないので、時刻1で新しいセルは生まれない。

図4－3のように、二つの黒が並んでいたとする。この場合、近傍の黒はどちらの黒にとっても一つなので、時刻1でやはりセルは真っ白になる。

図4－4の場合はどうか。この場合、どの黒も近傍に黒が二つあるので、時刻1でも黒のままだ。また左下の白は、近傍の黒が三つなので、三者セックスにより新しい黒が生まれる。したがって、時刻1では図4－5のようになる。図4－5の四つの黒は、どれも近傍の黒が三つなので

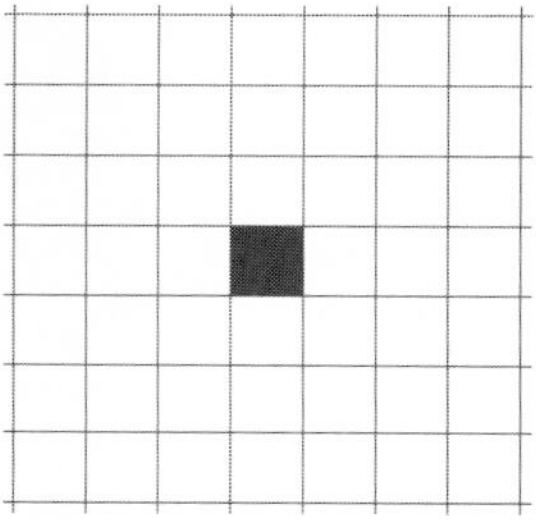

図4-2

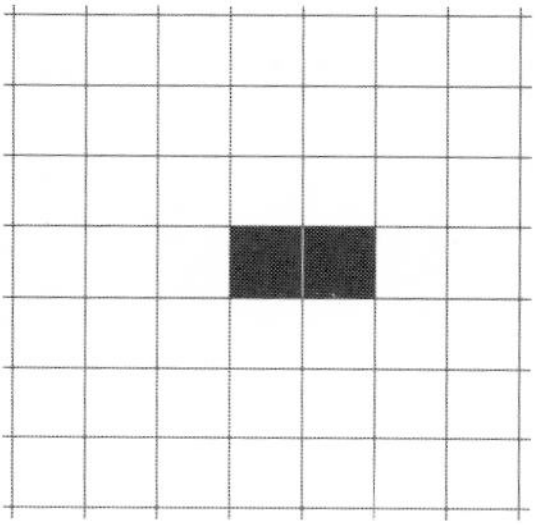

図4-3

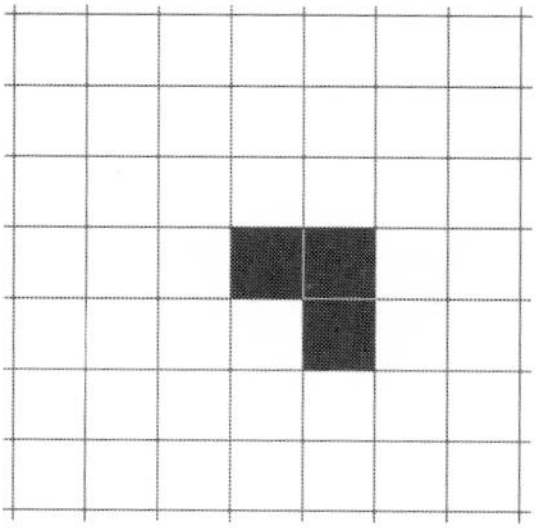

図4-4

生き残る。また、これら以外に近傍の黒が三つであるセルは存在しないので、新たに生まれる黒はない。つまりこの四つの黒は永遠に変化しない。この形を「ブロック」と呼んでいる。

図4－6のように、時刻0で三つの黒が並んでいたらどうなるだろうか。左右の黒は近傍の黒が一つなので消滅する。中央の黒は、近傍の黒が二つなので生き残る。また中央の上下の白は、近傍の黒が三つなので黒になる。したがって時刻1では図4－7のようになる。

同じように考えていくと、時刻2では図4－6にもどることがわかるはずだ。したがってこの形は、図4－6と図4－7を永遠に繰り返すことになる。これを「ブリンカー（点滅機）」と呼ぶ。

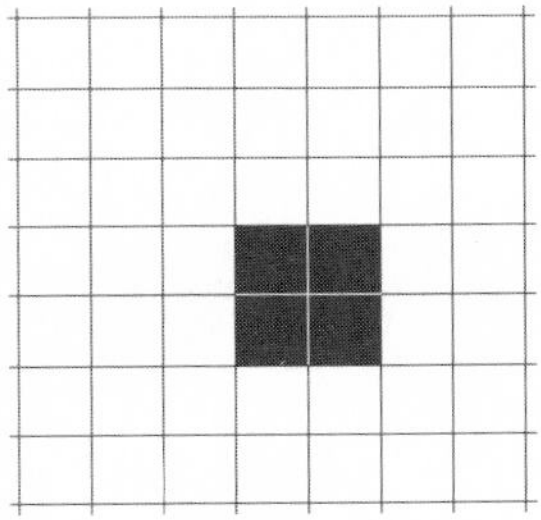

図4-5　ブロック

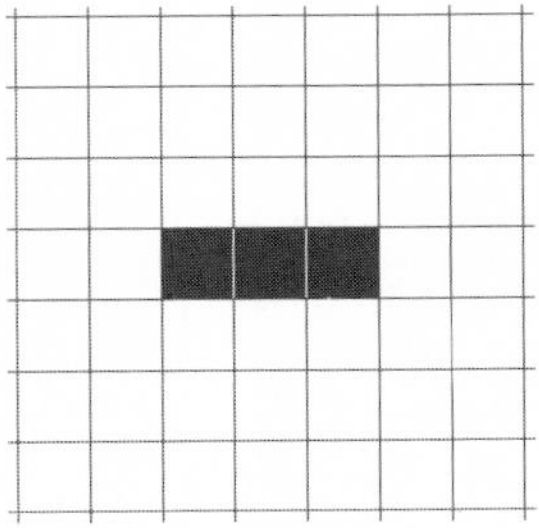

図4-6　ブリンカー：時刻0

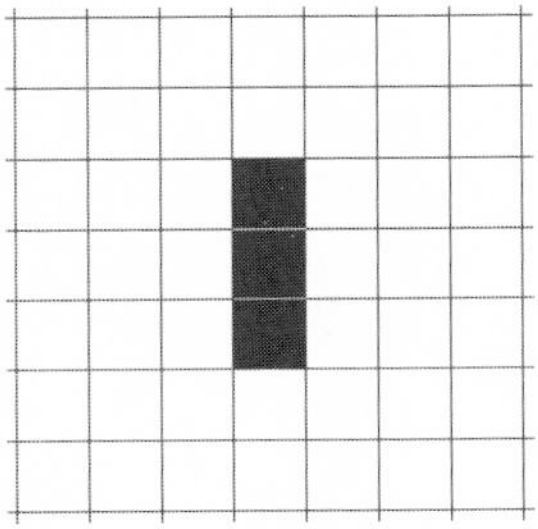

図4-7　ブリンカー：時刻1

平面上に適当に黒のセルをばらまいてゲームをスタートすると、黒白の生成消滅が繰り返される華麗な饗宴がくりひろげられるが、しばらく時間がたつと大体の場合、ブロックのような固定された形か、ブリンカーのように周期的に同じ形にもどる形だけになって落ち着く。

これが超現実数の発明で名高いジョン・ホートン・コンウェイ（一九三七〜二〇二〇）が考案した「ライフゲーム」だ。このように、セルの近傍の状態によって次のセルの状態が決定される離散力学系を、「セル・オートマトン」と呼んでいる。ライフゲームは平面上で展開されるので、2次元セル・オートマトンだ。

ゲームと名がついているが、普通のゲームのように戦略や戦術を工夫して勝利を目指すわけではない。プレーヤーができるのは、初期の段階で平面上に黒のセルを設置することだけだ。ゲームがスタートすると、各セルが勝手に生成消滅を繰り返していく。

一九七〇年に雑誌にこのゲームが紹介されると、全世界のコンピュータ技術者の間で大流行した。まだコンピュータが一般の家庭に普及するようになるずっと前のことだ。大学や会社のコンピュータを使って、研究者たちが人目を忍んでこのゲームに夢中になっていたのである。一九七四年の『TIME』誌に、「ライフゲームの大群が数百万ドルの貴重なコンピュータ時間を食ってしまっている」という記事が載ったほどだ。

コンウェイ自身は、高価なコンピュータを個人で所有することはできなかったので、チェッカー盤の上にチェッカーの駒を置いてこのゲームの研究をしたと伝えられている。

このゲームの原型を考え出したのは、水爆の機構の発明者として知られているスタニスワフ・ウラム（一九〇九〜一九八四）だ。ウラムは原爆開発のためのマンハッタン計画に参加し、戦後もロスアラモス国立研究所で水爆の開発に参加した。この水爆開発のために、それこそ数百万ドルの予算をかけて世界初の本格的なコンピュータがつくられたのだが、ウラムはこのコンピュータを使って、セルが美しい形に成長するパターンなどを探して遊んでいた。実に贅沢な遊びだ。最初にいくつかの規則を決めると、あとはコンピュータが自動的にパターンを印刷してくれる。３次元にも挑戦し、色のついた立方体の茂みをつくったりして楽しんでいたという。

コンウェイ

ウラムの数学上の業績は多種多様でさまざまな分野に及んでいるが、病的なほどの試験嫌いだった、というエピソードが残されている。それでも独創的な論文を書いていたので、教授たちはウラムに寛大だったそうだ。

コンウェイはウラムのゲームを熟知していた。コンウェイがウラムのゲームに惹かれたのは、単純な規則であるにもかかわらず、まったく予想できないパターンが出てくる点だった。そこでコンウェイは、規則をできるだけ単純なものとし、それにもかかわらずあらわれてくるパターンが予測不能なものになるよう、試行錯誤を続けた。そうしてできあがったのがライフゲームなのである。

2 固定物体

まずは手はじめに、永遠に変化しない物体である「固定物体」を紹介しよう。

少し考えれば、固定物体は最低限四つの黒いセルが必要であることがわかるはずだ。ブロック（図4－5）は最小の固定物体のひとつだが、四つの黒による固定物体はもうひとつある。図4－8の「タブ」と呼ばれている固定物体だ。

五つの黒による固定物体は、図4－9の小舟しか存在しない。

六つの黒による固定物体は、図4－10〜図4－14の船、バージ（はしけ）、へび、航空機運搬車、蜂の巣の五つだ。

七つの黒による固定物体は四つあるが、そのうちイーターだけを紹介しよう（図4－15）。イーターはとてもおもしろい性質を持っているのだが、それはあとのお楽しみ。

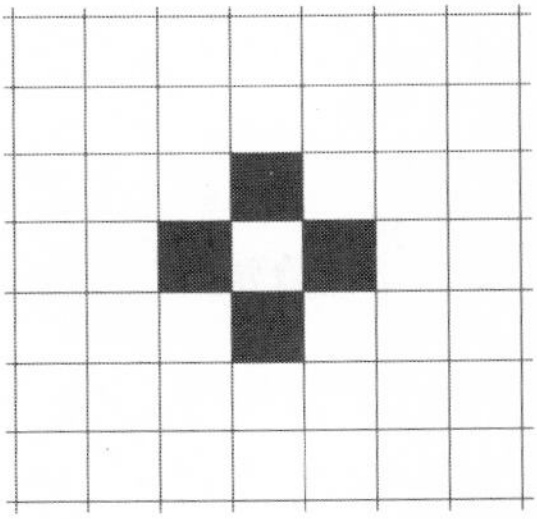
図4-8　タブ

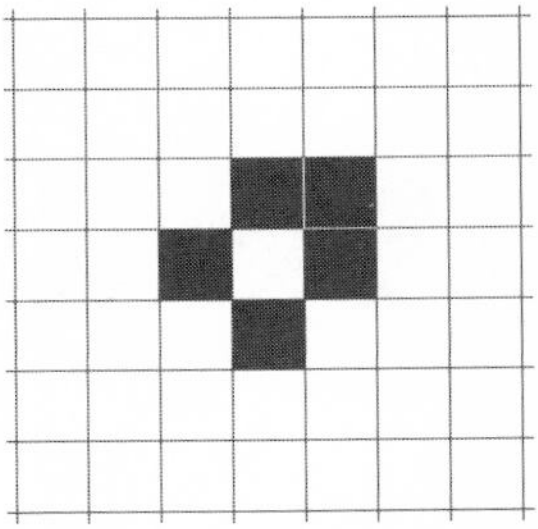
図4-9　小舟

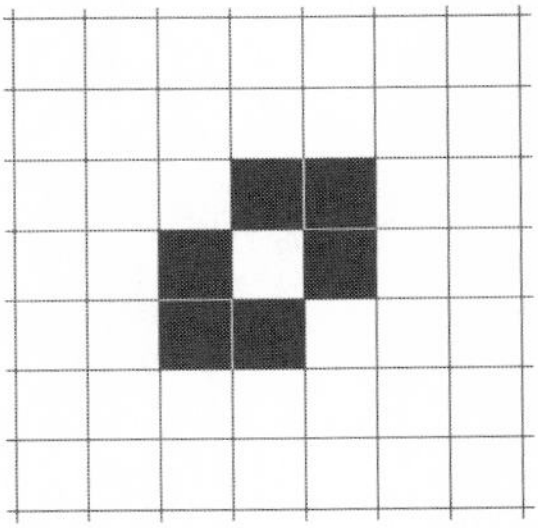
図4-10　船

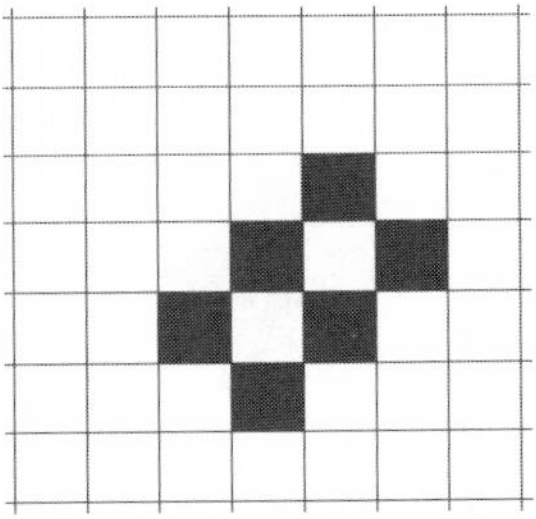
図4-11　バージ

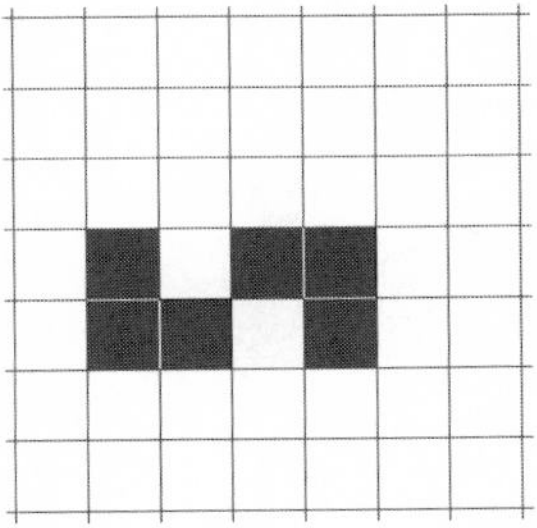
図4-12　へび

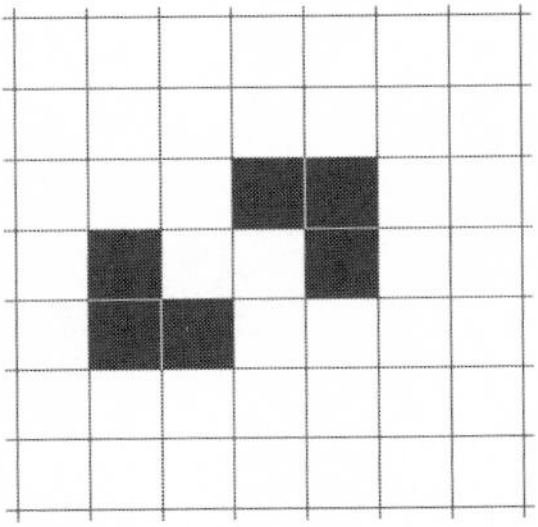
図4-13　航空機運搬車

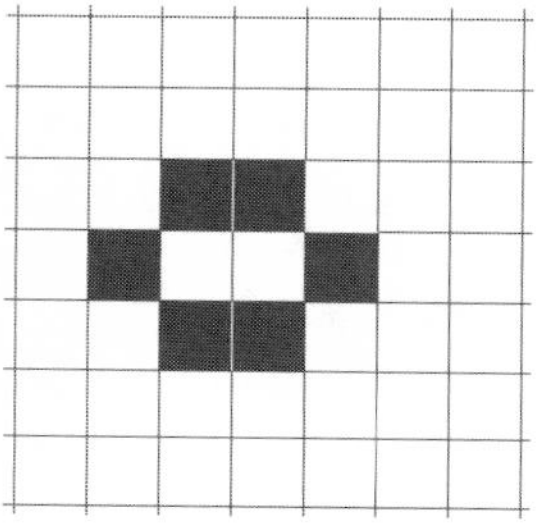

図4-14　蜂の巣

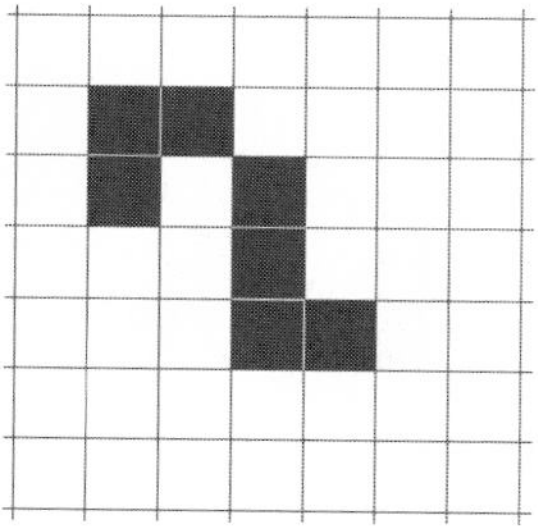

図4-15　イーター

固定物体は無限に存在する。しかし、言うまでもないことだが、ほとんどのパターンは固定物体ではない。また、黒のセルが多くなればなるほど、固定物体にはなりにくくなる。

3　振動子

ブリンカーのような振動子も無数に存在するが、ランダムに黒を配置した場合、それほど頻繁に登場するわけではない。

小さな振動子として、ひきがえる、ビーコン（無線標識）、時計を紹介しよう。どれも時刻1で時刻0にもどる。

図4-16、膨れ上がったり、縮まったりしているように見える様子が、ひきがえるを連想させたのだろう。

図4-17、中央のセルが点滅しているように見える。

図4-18、中央のふたつの黒は動かず、外側の四つのセルが回転しているように見える。

次に紹介するパルサーも、わりあいよく登場する。パルサーは時刻2で時刻0にもどる（図4-19～図4-21）。

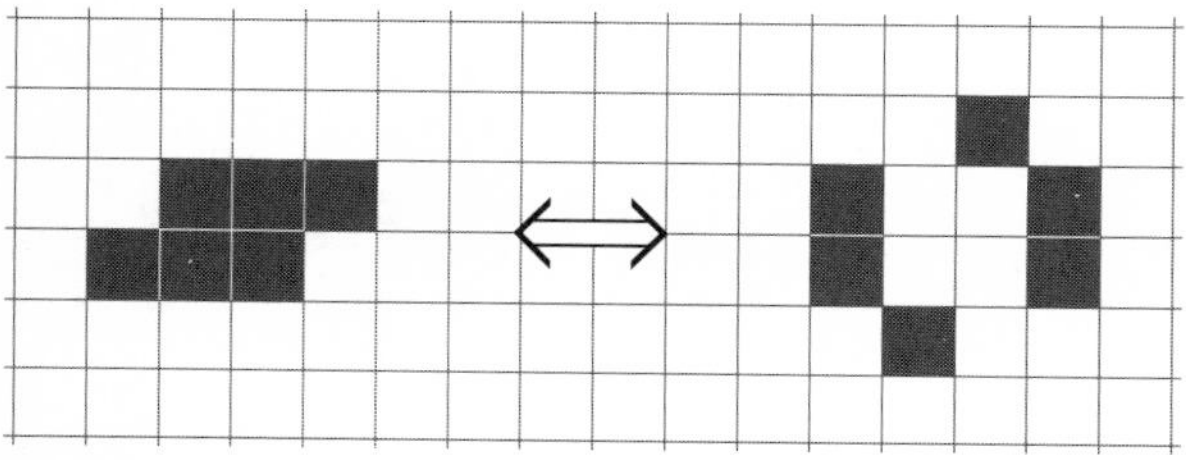

図4-16　ひきがえる

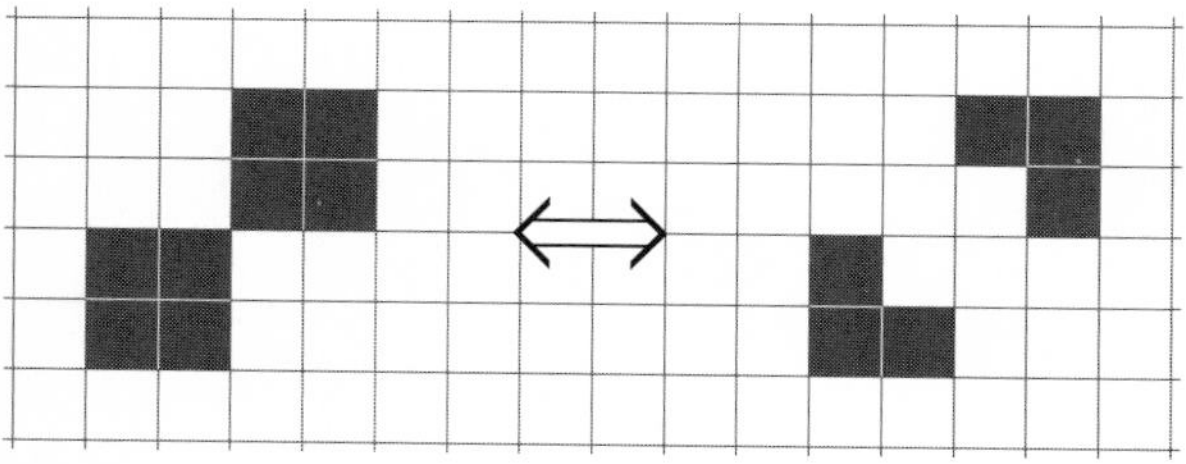

図4-17　ビーコン

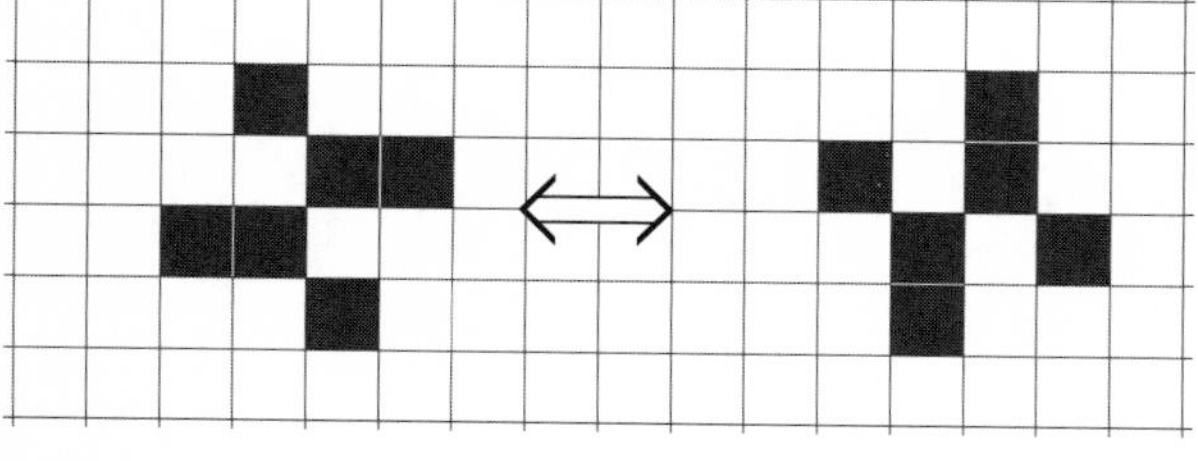

図4-18　時計

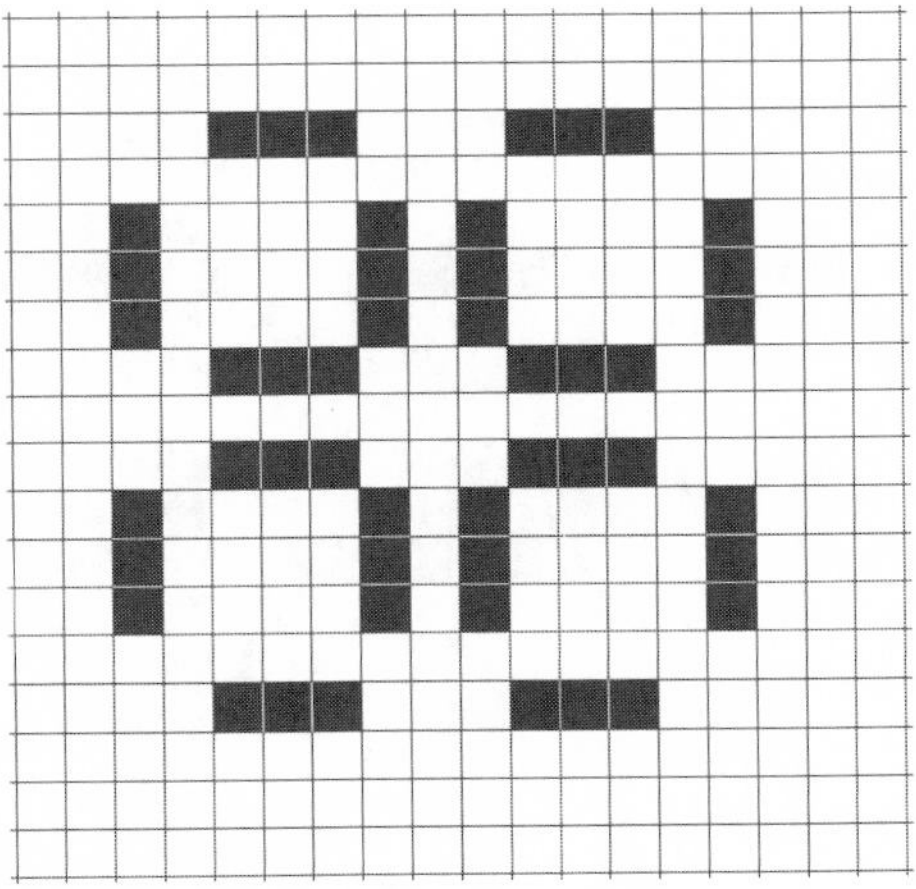

図4-19　パルサー：時刻０

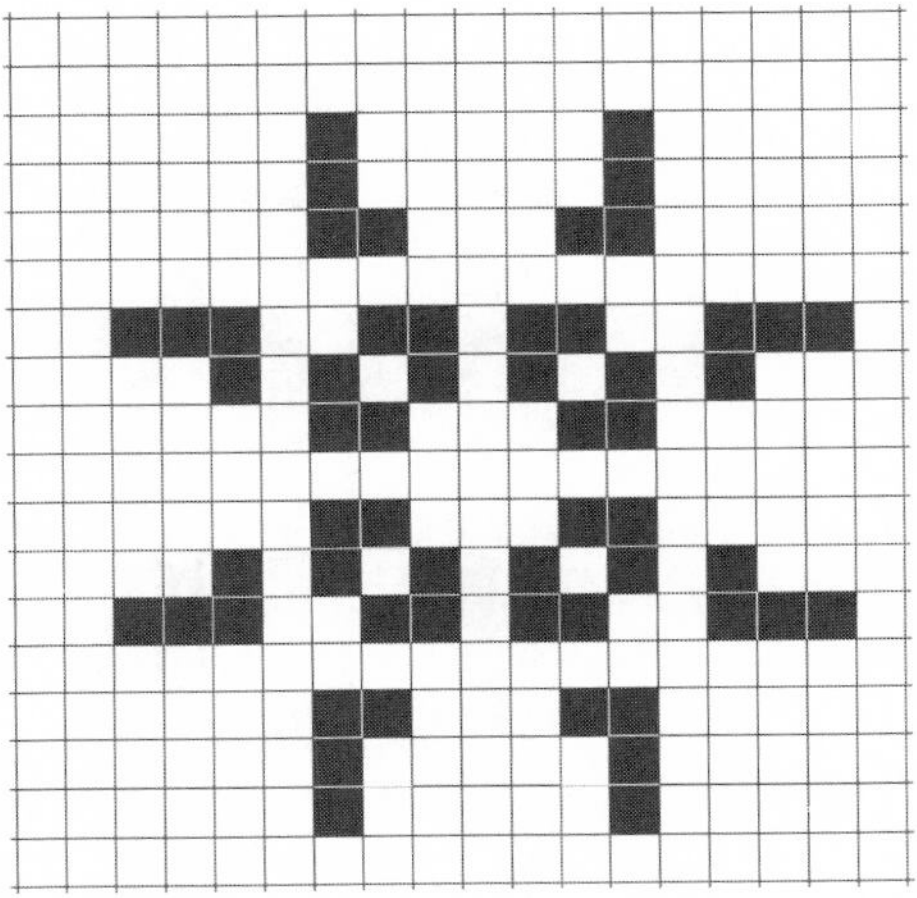

図4-20　パルサー：時刻１

おもしろいことに、図4－22の三つの図形はパルサーに成長する。パルサーに成長する形1は時刻32で、形2は時刻21で、形3は時刻24で図4－19に成長する。

振動子ではないが、わずか7個の黒がとんでもない成長をする「どんぐり」を紹介しよう。

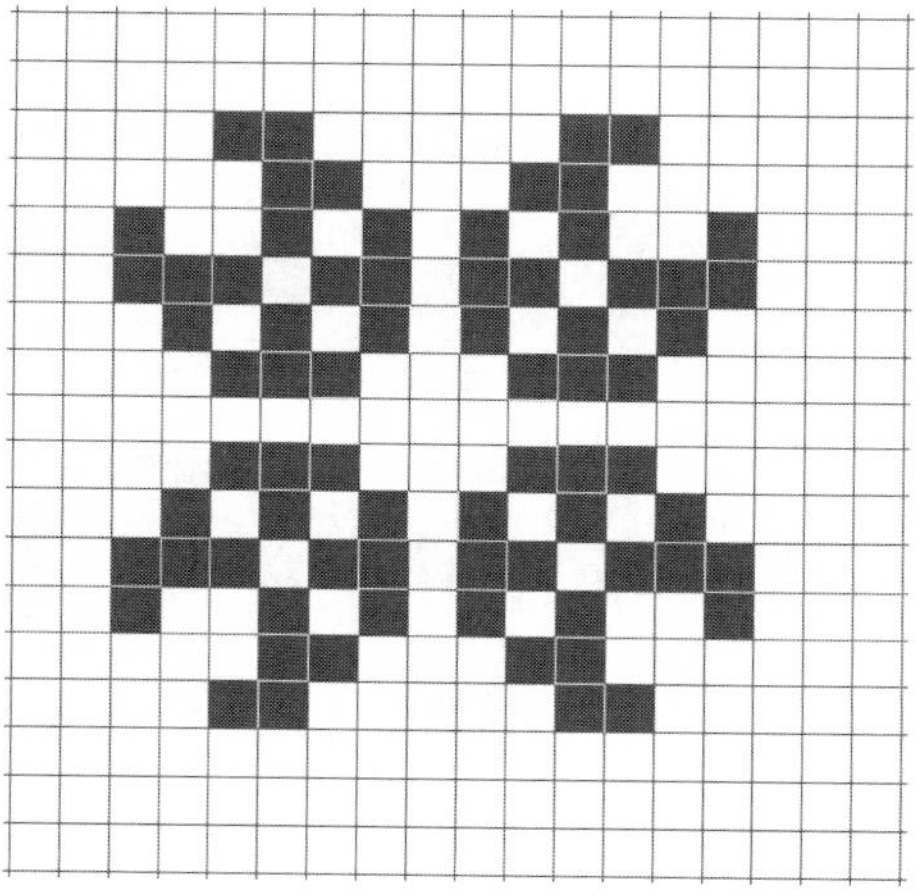

図4-21　パルサー：時刻2

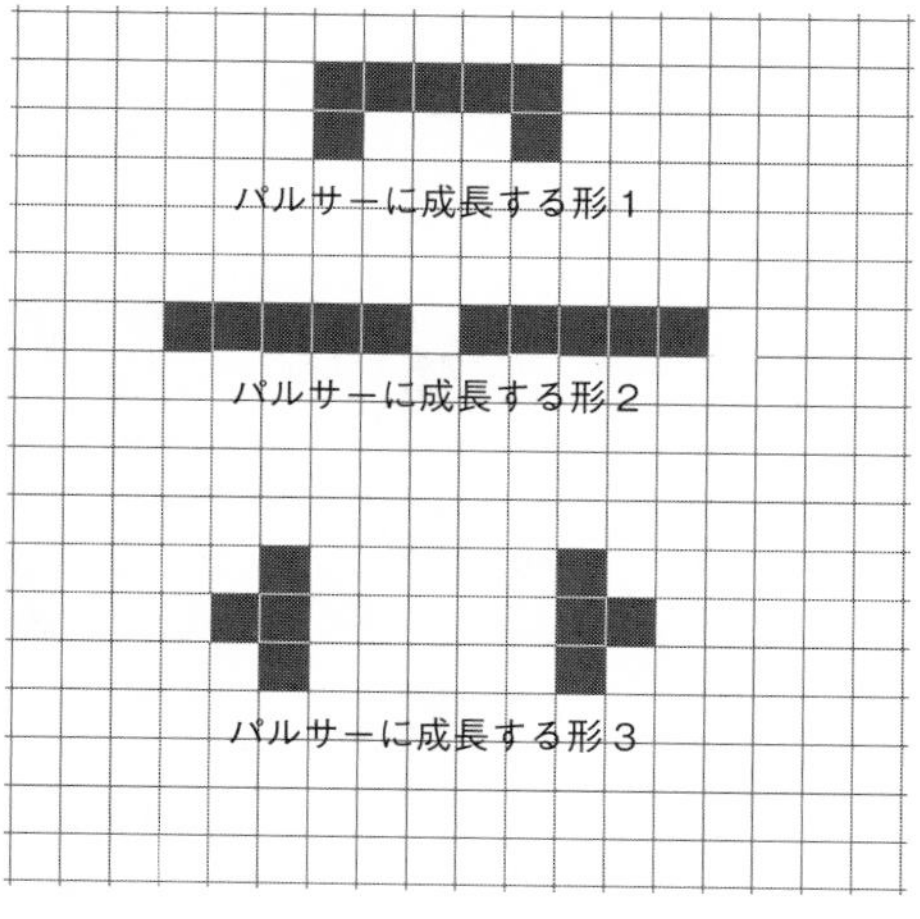

図4-22　パルサーに成長する図形

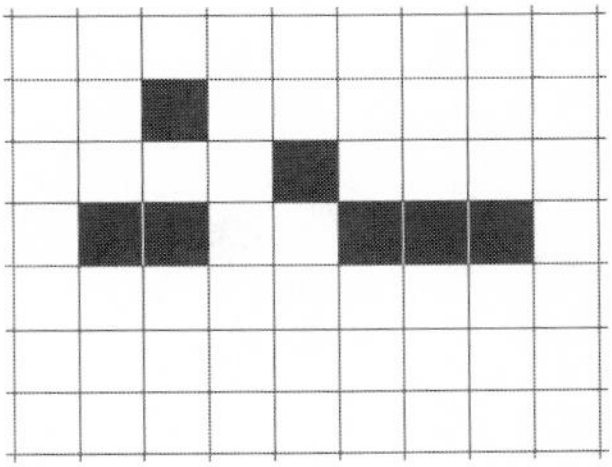

図4-23　どんぐり

ゲームをスタートさせると、どんぐり（図4－23）はすぐに芽を出し、あちこちにその断片を撒き散らしていく。どんぐりが安定するのは、なんと時刻5206なのである。ネットで「ライフゲーム」を検索すると、実際にライフゲームを楽しむことができるブラウザがいくつも見つかるので、どんぐりがどのように成長するか確かめてみてほしい。

4

グライダー

コンウェイはライフゲームの画面上で、アメーバのように身をくねらせながら移動していく物体を発見し、これを「グライダー」と名づけた（図4－24）。

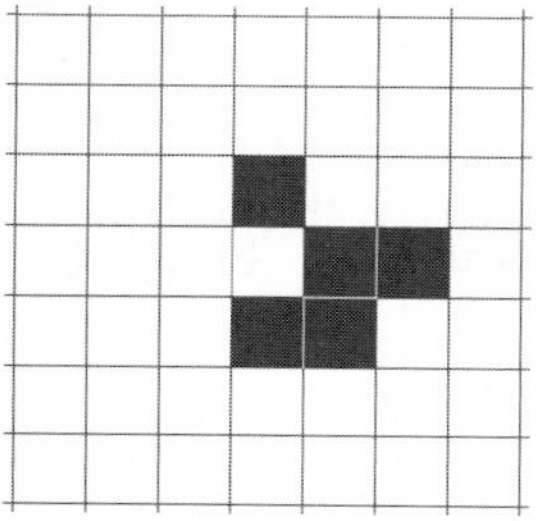
時刻 3

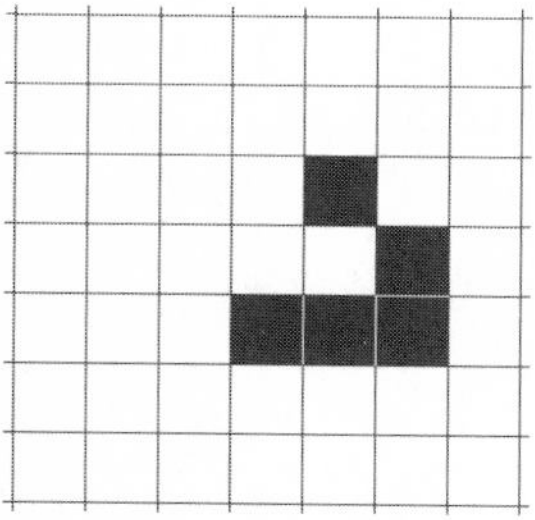
時刻 4

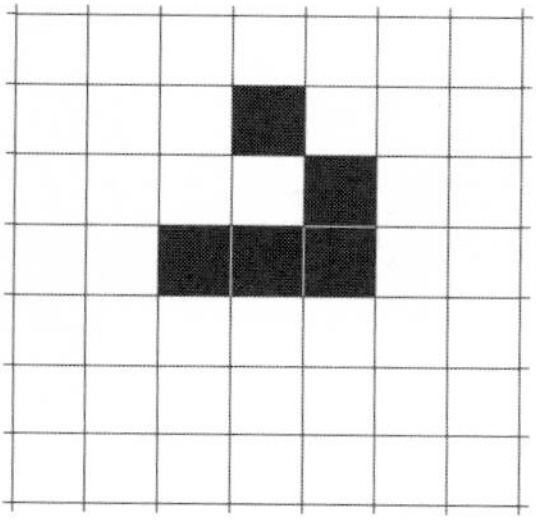
時刻 0

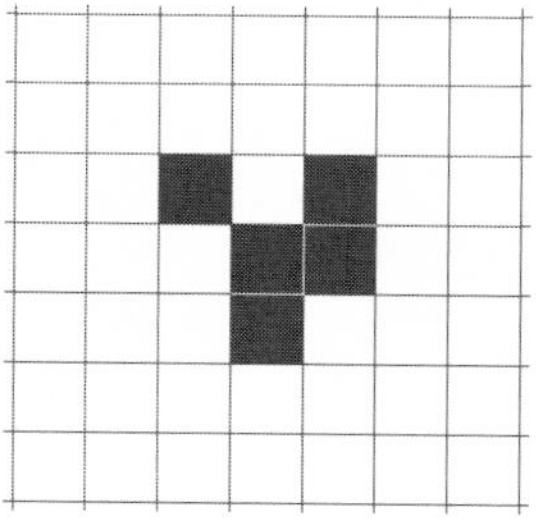
時刻 1

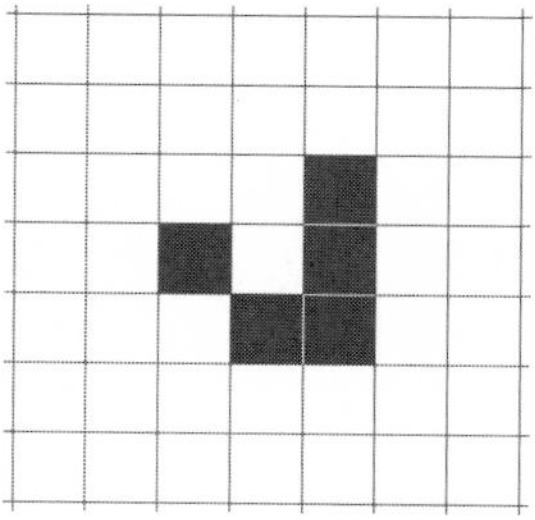
時刻 2

図4-24　グライダー

時刻4で時刻0の形にもどるが、右下に一セル分だけずれていく。つまりこのグライダーは、右下方向に永遠に旅をし続けるのである。グライダーの形を回転させると、右上、左下、左上へと飛ばすことも可能だ。

ランダムに黒を配置すると、グライダーはかなりの確率で登場する。先に紹介したどんぐりも、安定化するまで13機のグライダーを発射する。もちろんこれらのグライダーは無限のかなたに飛び去ってしまう。

このように画面上を移動していく物体としては、「宇宙船」と呼ばれるグループもある（図4－25）。

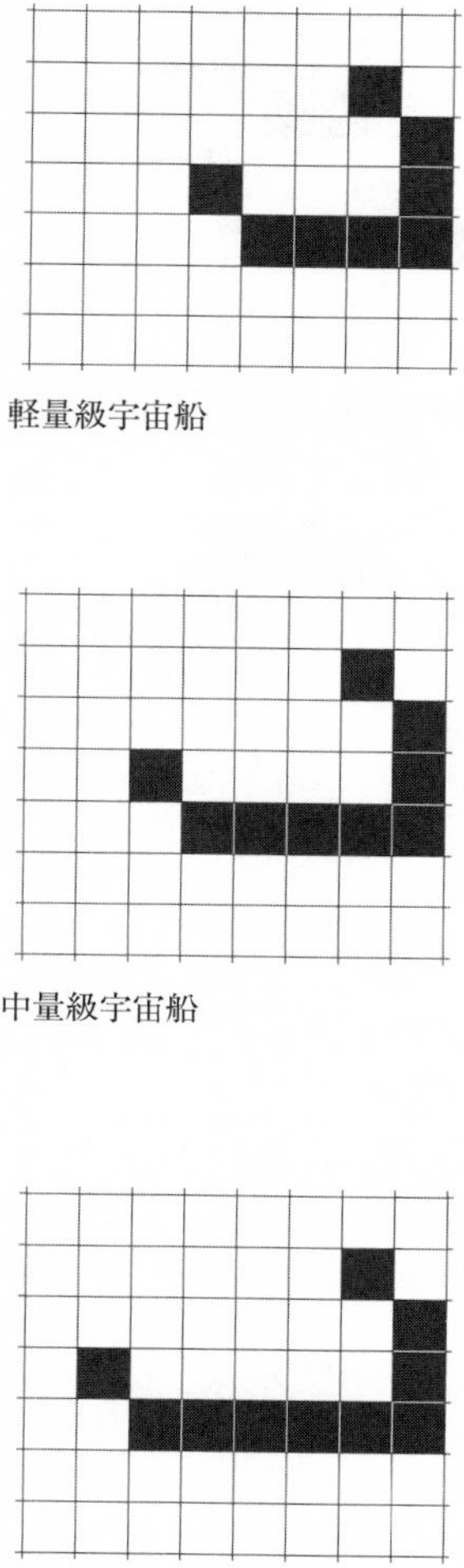

軽量級宇宙船

中量級宇宙船

重量級宇宙船

図4-25　宇宙船

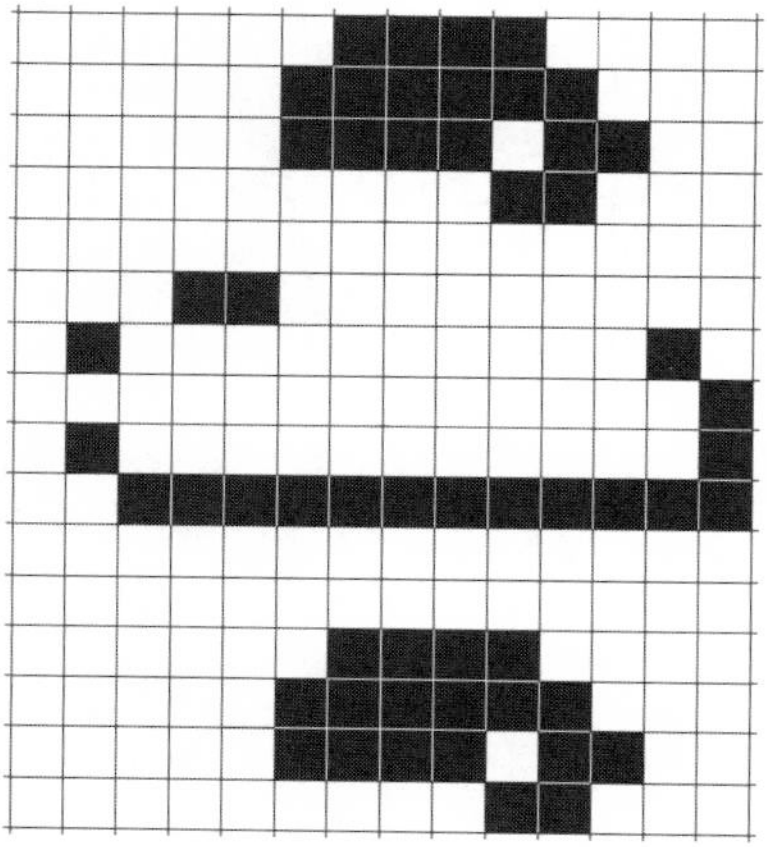

図4-26　艦隊

これらの宇宙船は、実際にライフゲームの画面上で動かしてみるとわかるように、タービンが回転するような劇的な動きを示しながら進んでいく。同じ形でもっと左右に伸ばしていけば、いくらでも大きな宇宙船をつくることができそうに思えるが、そうはうまくいかない。これらの宇宙船が動いていく様子を細かく観察すると、まわりに破片を撒き散らしながら進んでいることがわかる。これらの破片はすぐに消えてしまうのだが、宇宙船を長くすると破片と宇宙船が干渉してしまい、宇宙船を破壊してしまうのだ。

そこでコンウェイは、長い宇宙船の破片を消去する方法を考え出した。長い宇宙船の上下に護衛の宇宙船を配置するのである。コンウェイはこれを「艦隊」と名づけた（図4－26）。

護衛宇宙船が破片を消去しながら並んで進むのである。しかし艦隊でも、旗艦がさらに長くなると、やはり破片の問題で艦隊が崩壊してしまう。

コンウェイはこの問題も解決した。護衛宇宙船の外側にさらに護衛宇宙船を配していくのである。こうやって、任意の長さの宇宙船が存在しうることが示された。

話をグライダーに戻そう。固定物体を紹介したときに、イーターにはおもしろい性質があると述べた。なんと、図4－27のように、イーターはグライダーを食べてしまうのである。

ご覧の通り、グライダーはあとかたもなく消えてしまうが、イーターのほうはまったく変化しない。

もちろん、衝突の方向によってはまったく別の結果となることもある。イーターもグライダーもすべて消えてしまうこともある。

ライフゲーム上の物体の衝突は予想もしない結果を招くことが多い。グライダーどうしの衝突でも、その角度とタイミングによって73種類のパターンがあるという。そのうち、注目する必要があるのは消滅とキックバックだ。

二つのグライダーをうまく直角に衝突させると、二つとも跡形もなく消えてしまうことがある。これが消滅だ。

同じく直角に衝突させるのだが、タイミングを少し変えると、一つのグライダーは消え、もう一つのグライダーは進行方向を90°変えて進んでいく。これがキックバックだ。

グライダーや宇宙船のようにまっすぐ移動するわけではないが、シャトルというおもしろい物体がある（図4－28）。

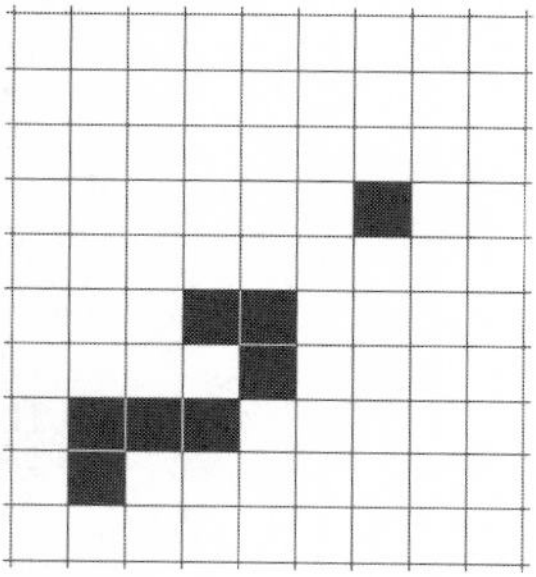

時刻 3

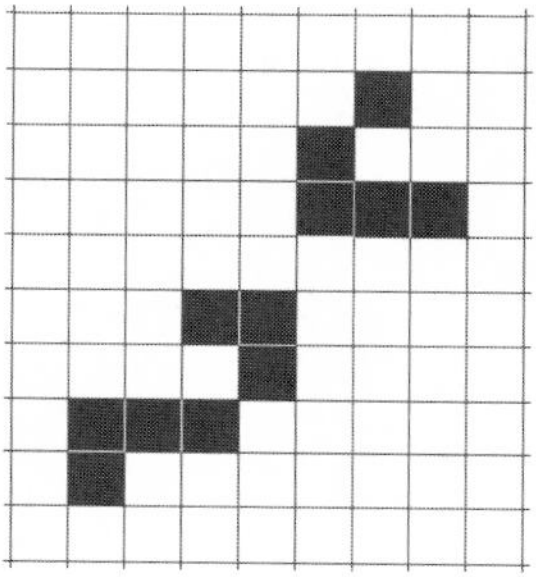

時刻 0

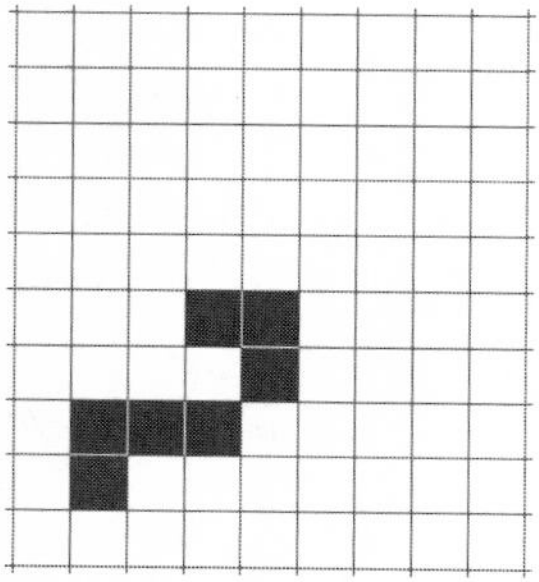

時刻 4

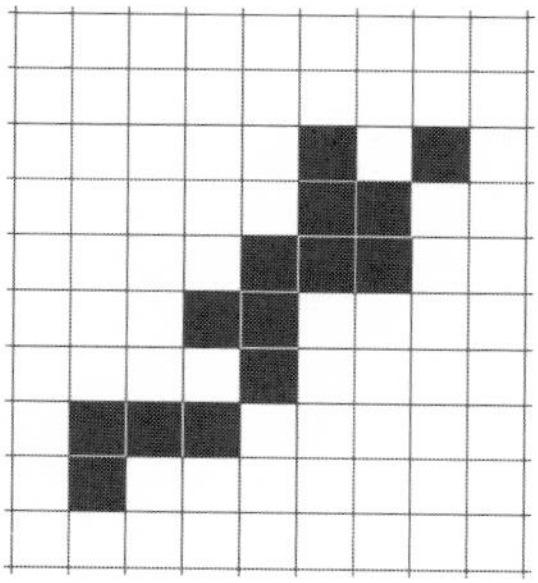

時刻 1

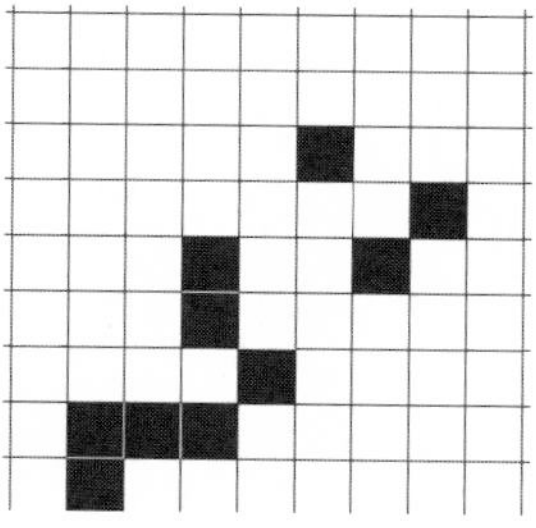

時刻 2

図4-27　グライダーを食べるイーター

シャトルは時刻15でその方向を変え、後方にセル6個の長方形の卵を産む。この長方形は次の時刻で、図4-14で紹介した蜂の巣という固定物体になる。

さらに時刻30でまた方向を変え、その後方に卵を産む。

残念なことに規則的な動きはここまでだ。このあとシャトルは、先に産んだ蜂の巣と干渉して爆発してしまう。

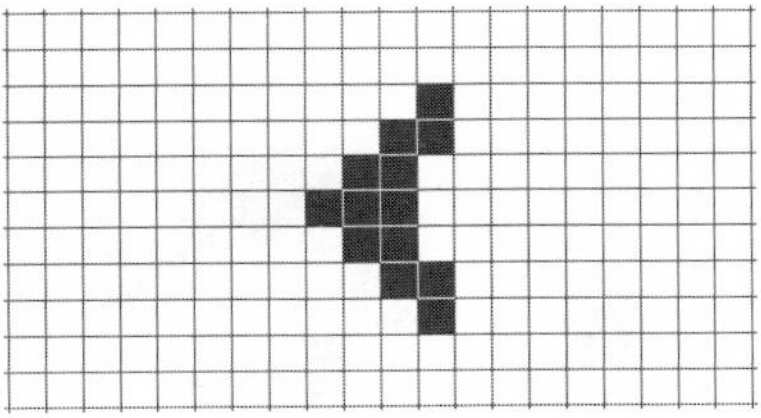

時刻 0

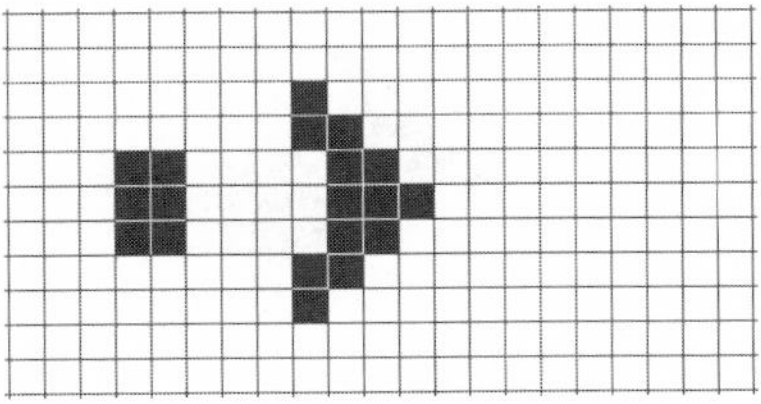

時刻 15

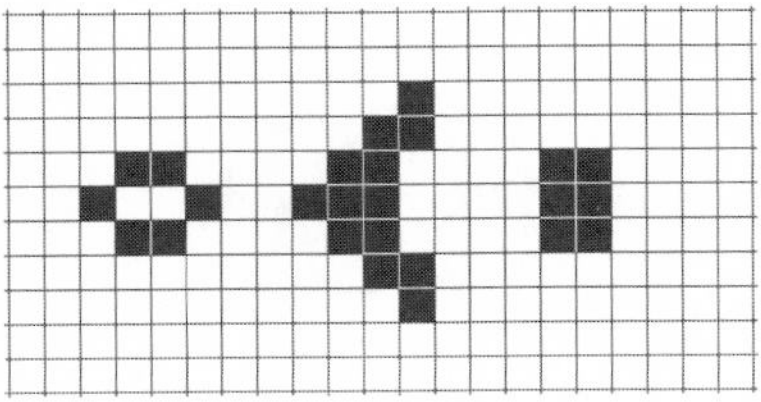

時刻 30

図4-28　シャトル

コンウェイは、蜂の巣のそばに図4－29のようにブロックを置いてやると、蜂の巣だけがきれいに消えてブロックはそのまま残ることを知っていた。

そこで、図4－30のように、シャトルの両側にブロックを置いてみた。

するとシャトルは時刻15ごとに反転して卵を産み、卵から生まれた蜂の巣はブロックのために消滅する、という過程を繰り返すようになったのである。

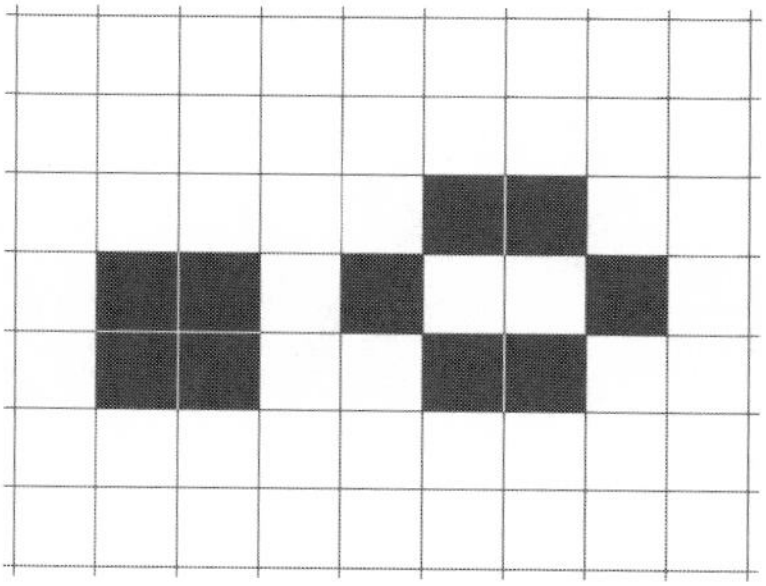

図4-29　蜂の巣を消すブロック

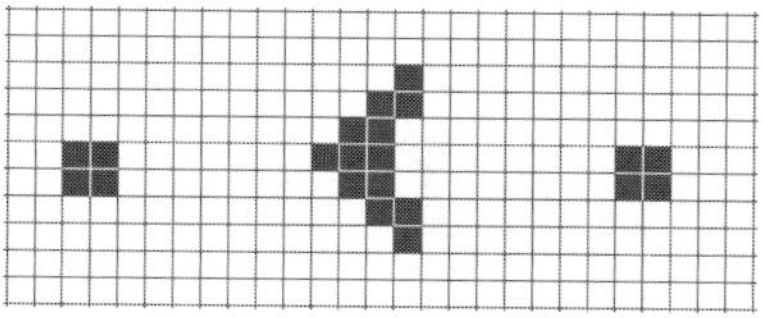

図4-30　女王蜂

蜂の巣を産むので、この物体は「女王蜂」と名づけられた。

女王蜂の中のシャトルは永遠に反転し続けるわけだが、その過程でさまざまな破片を飛び散らせる。それらの破片はすぐに消えてしまう。

二つのシャトルをうまく組み合わせるとおもしろいことが起こった。

図4－31のように、二つのブロックの間に二つのシャトルを逆方向に配するのである。

時刻1で左のシャトルが卵を産む。

時刻6で右のシャトルが反転するが、産んだ卵は左のシャトルの破片のため変形している。

時刻16。左のシャトルが反転して卵を産む。中央に注目。なんと、グライダーが生まれているではないか。

時刻21。右のシャトルが反転して卵を産む。グライダーは破片に巻き込まれることなく右下に進んでいる。

時刻30。時刻0にもどったが、もとの図にはなかったグライダーが飛んでいる。

時刻90（図4－32）。グライダーは時刻30ごとに生産される。この物体は永遠にグライダーを生産しつづけ、グライダーの列は無限のかなたまで延びていく。

グライダーを生み出す銃、という意味で、この物体は「グライダー・ガン」と名づけられた。

実におもしろい現象ではないか。

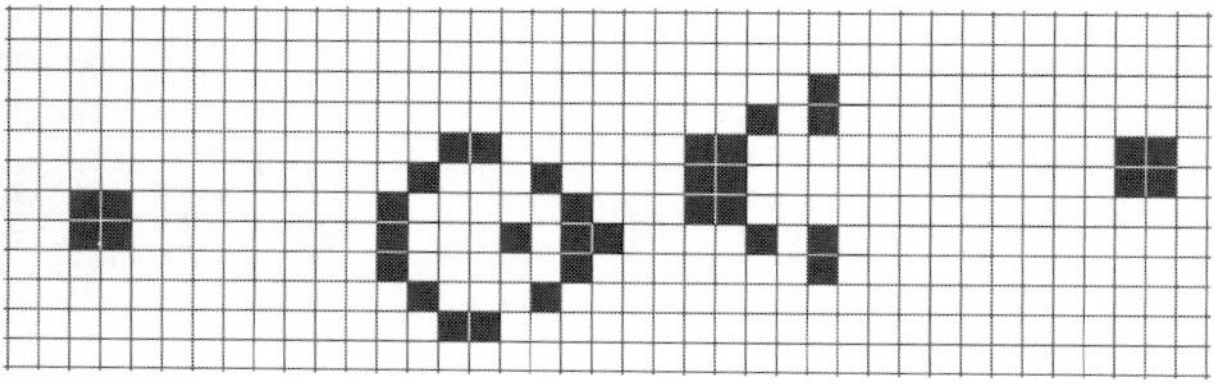

時刻 0

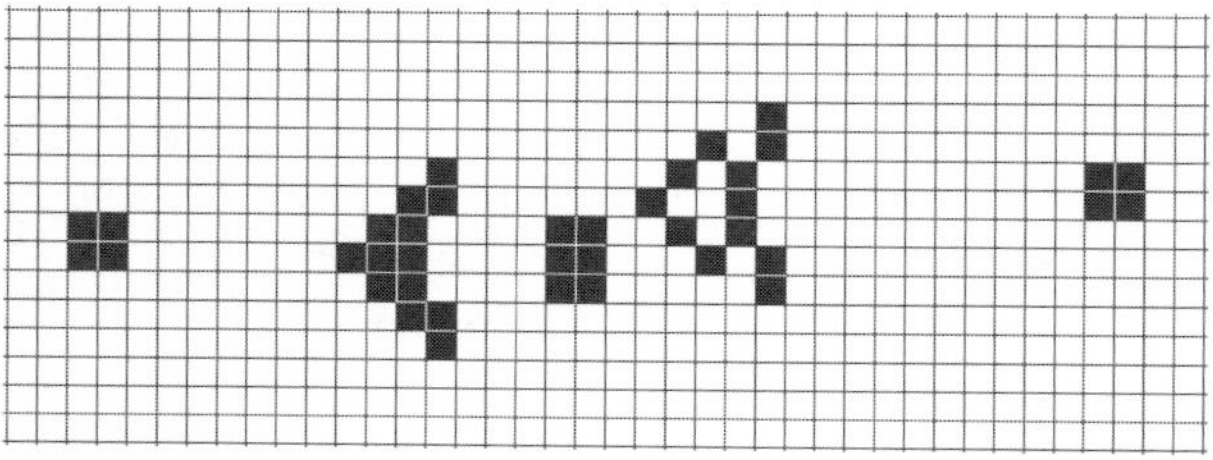

時刻 1

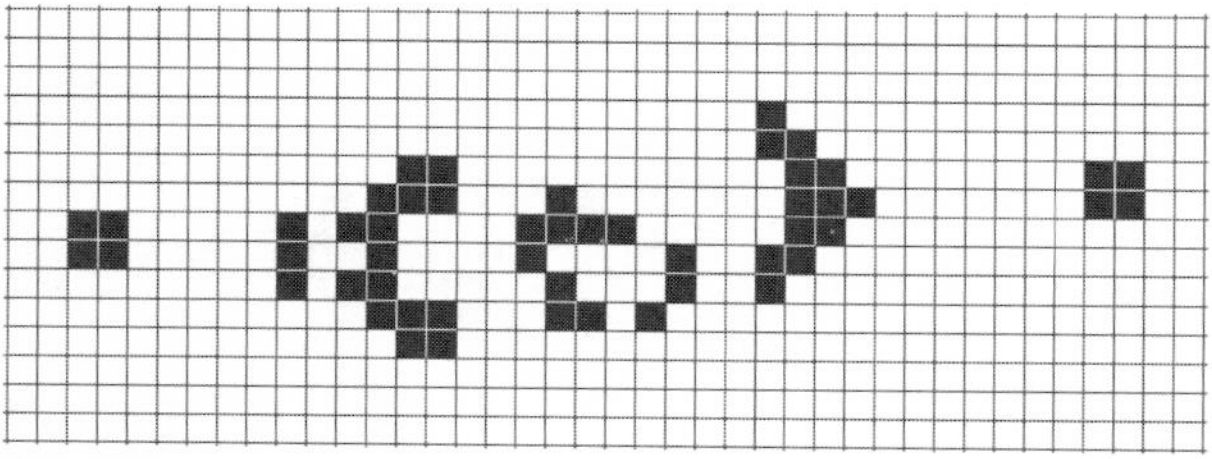

時刻 6

図4-31　グライダー・ガン

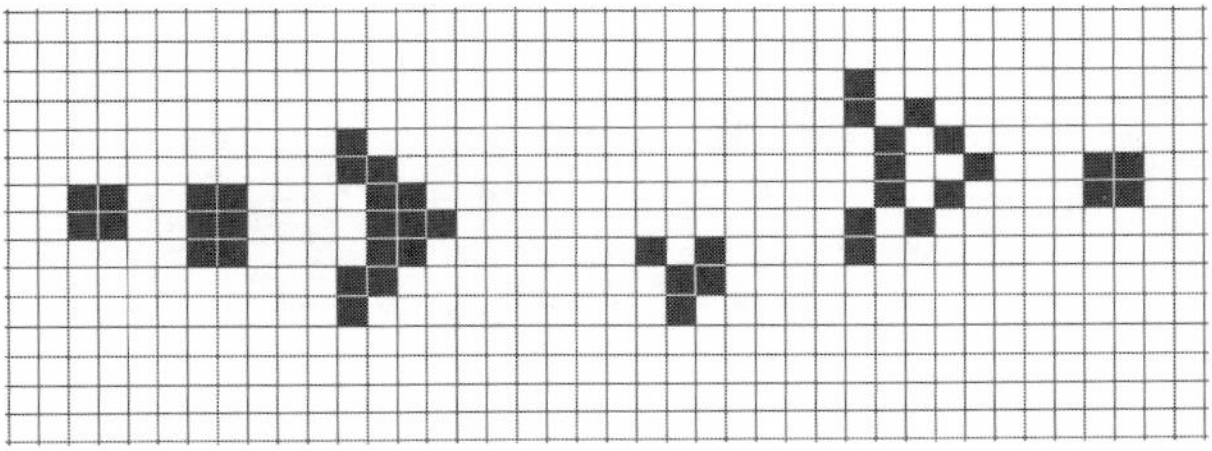

時刻 16

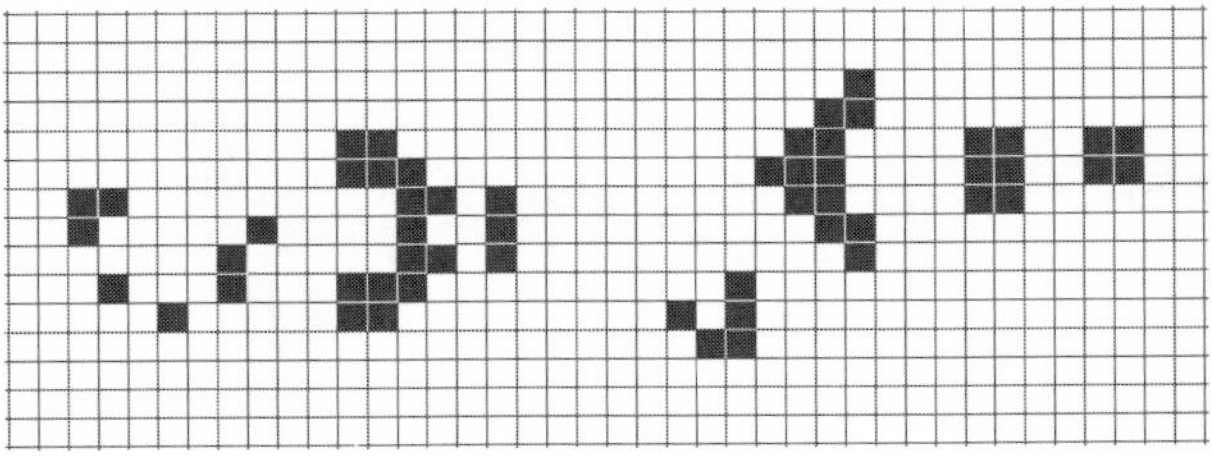

時刻 21

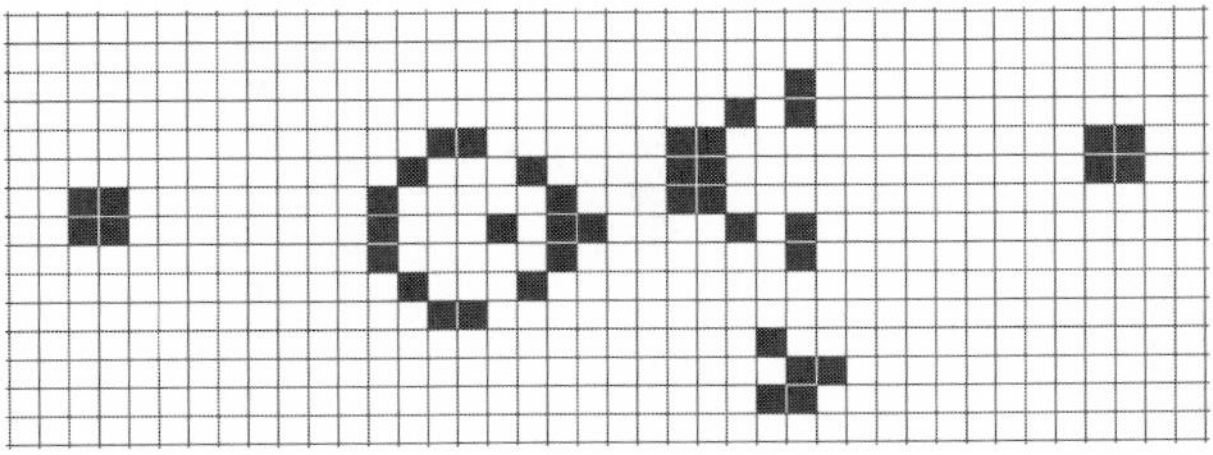

時刻 30

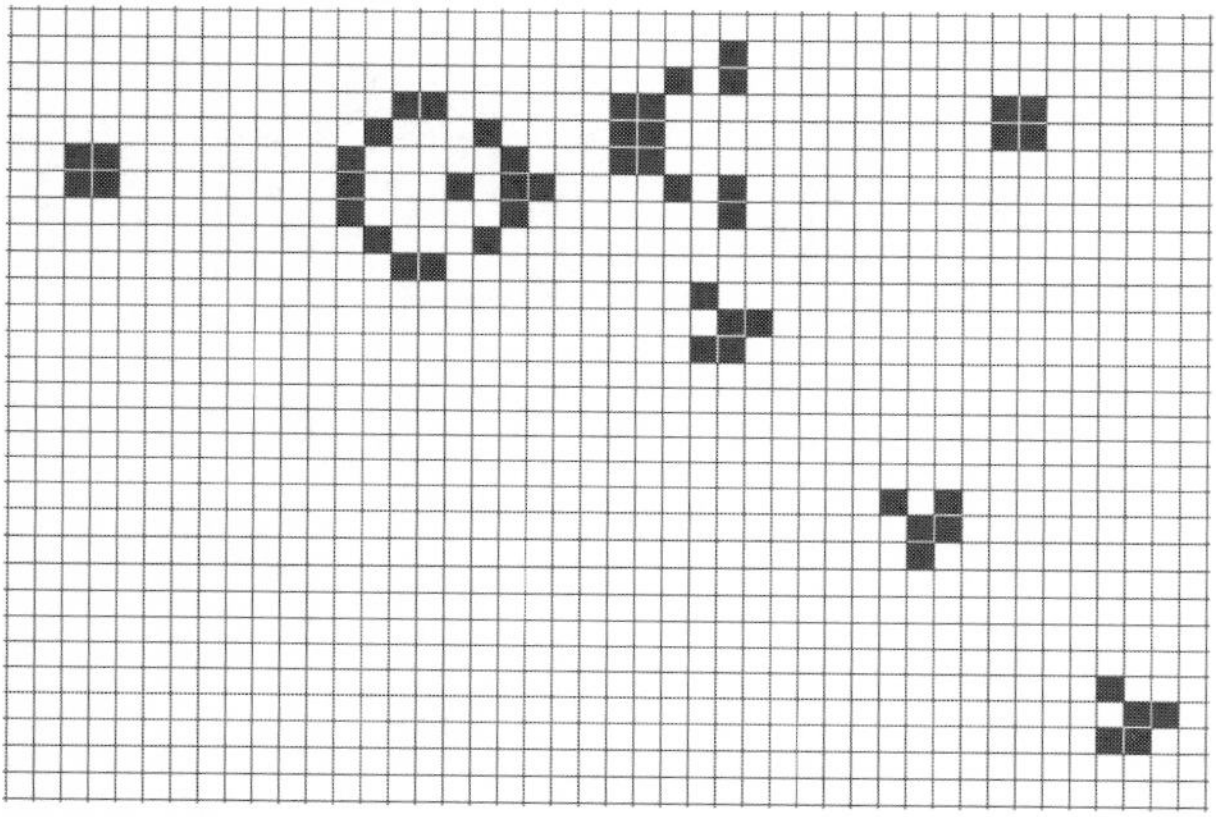

図4-32　時刻90のグライダー・ガン
グライダーの生産は永遠に続く

さらに、二つのグライダー・ガンをうまく組み合わせると、衝突によってグライダーの列を消してしまうこともできるし、キックバックによってその方向を変えることもできる。グライダーの列を消すためだけだったら、そこにイーターを一つ配置するだけでもいい。

5　論理ゲート

無限に続くグライダーの列。これは、（1、1、1、……）という数列と考えることもできる。たとえばグライダーが五つ並んだ列は（1、1、1、1、1）を意味する。頭から二つめのグライダーを消去すると（1、0、1、

1、1）という数列になる。
つまりグライダーの列は、1と0の数列をあらわすことができるのだ。

コンピュータはすべての情報を1と0の数字に変換して処理している。キーボードを打つと、まずその情報を1と0の数列に変換し、それを電気信号に変えてから計算をはじめる。

同じように、キーボードを打つと、その情報を1と0の数列に変換し、1をグライダー、0を空白というように並べるシステムをつくり、そうやってつくられたグライダーの列をライフゲームの空間に投げ込む。

ライフゲーム空間のはるかかなたにいる受信者がそれを受け取り、逆の作業をすればその情報を読みとることができる、というわけだ。そうやって、文字情報だけでなく、音声であろうが画像、動画であろうが、すべての情報をグライダー列によって伝達することができる。

さらにコンウェイは、グライダー列による論理ゲートを考案した。論理ゲートは、NOTゲート、ANDゲート、ORゲートによって構成されている。
・NOTゲートは「否定」のゲートだ。入力が真であれば偽を出力し、入力が偽であれば真を出力する。
・ANDゲートは「かつ」のゲートだ。二つの入力が両方とも真の場合だけ真を出力し、それ以外は偽を出力する。

NOT ゲート

1 ⟶ 0
0 ⟶ 1

AND ゲート

(1,1) ⟶ 1
(1,0) ⟶ 0
(0,1) ⟶ 0
(0,0) ⟶ 0

OR ゲート

(1,1) ⟶ 1
(1,0) ⟶ 1
(0,1) ⟶ 1
(0,0) ⟶ 0

図4-33　論理ゲート

・ＯＲゲートは「または」のゲートだ。二つの入力のうち一つでも真であれば真を出力し、二つとも偽のときだけ偽を出力する。

真を1、偽を0として、論理ゲートを図4－33にまとめておいた。

グライダーは45°の角度で飛んでいくが、簡単のため、次の論理ゲートの図では、ライフゲームの平面を45°傾けて表現する。つまりグライダーは水平か垂直に飛んでいく。また、グライダー・ガンは「Ｇ」、イーターは「Ｅ」、グライダーが存在していれば消滅する衝突が起こる場所を×であらわす。

三つの論理ゲートのうち、もっとも簡単なのはＮＯＴゲートだ（図4－34）。Ｇからは常に「1」が飛んでくる。入力が1の場合はグライダーが消滅し出力は0になる。入力が0ならば、衝突は起こらず、出力はそのまま1になる。

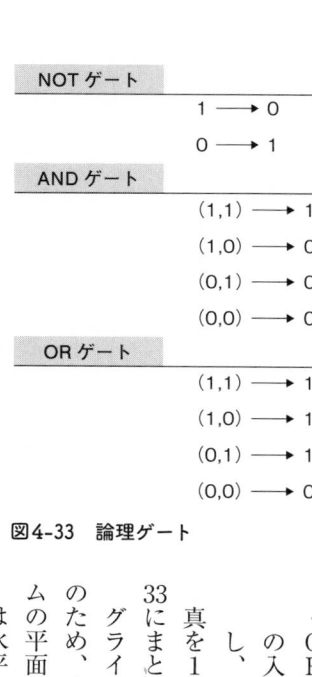

次はＡＮＤゲートについて考えてみよう（図4－35）。

ふたつの入力がともに1である場合、最初の衝突でグライダーが消滅するので、入力Ｂがその

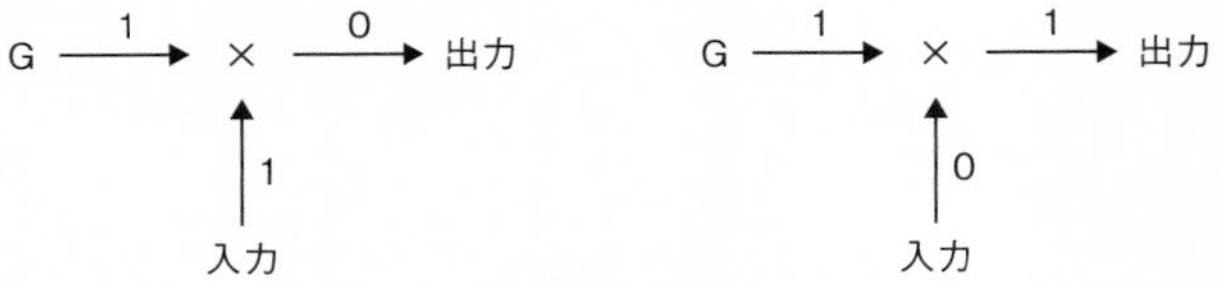

図4-34　NOTゲート

まま出力になる。つまり出力は1だ。

入力Aが1、入力Bが0である場合、最初の衝突でグライダーが消滅するので、入力Bがそのまま出力になる。つまり出力は0だ。

入力Aが0、入力Bが1である場合、最初の衝突は起こらないのでグライダーは生き残るが、次の衝突で消滅する。したがって出力は0だ。

入力が両方とも0の場合、衝突は起こらず、入力Bの0がそのまま出力となる。Gから出たグライダーは邪魔なのでEに食べさせておく。

ORゲートはもう少し複雑になる（図4-36）。

入力が（1、1）、（1、0）、（0、1）のときは、左のGから発射されたグライダーは消えてしまうので、下のGから発射されたグライダーが出力となる。つまり出力は1だ。

入力が（0、0）のときは、左のGから発射されたグライダーは妨害されることなく進み、下のGから発射されたグラ

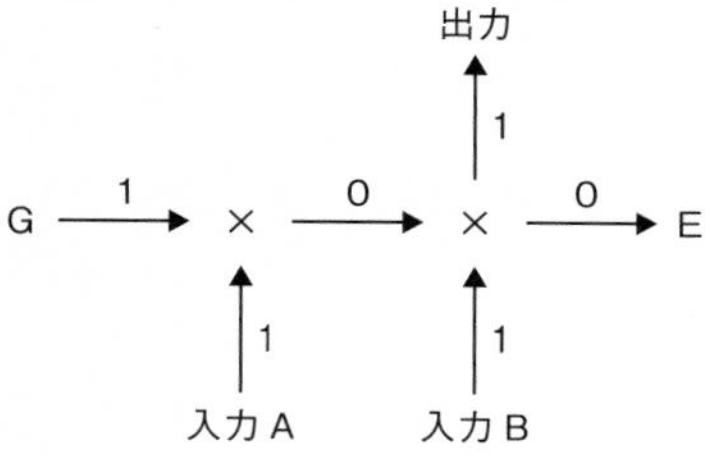

（1, 1）

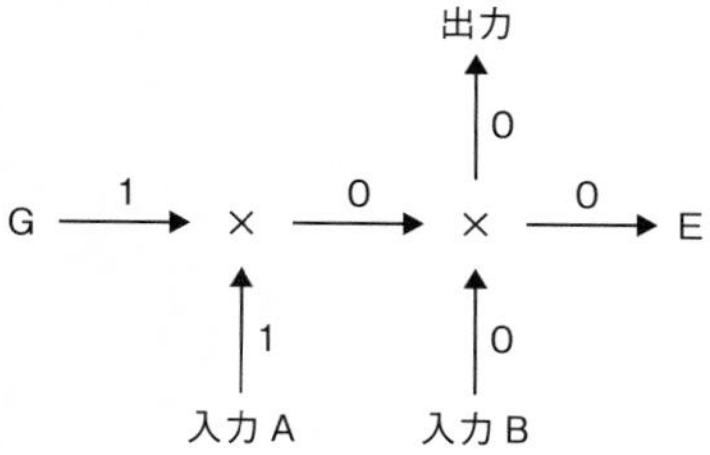

（1, 0）

図4-35　AND ゲート

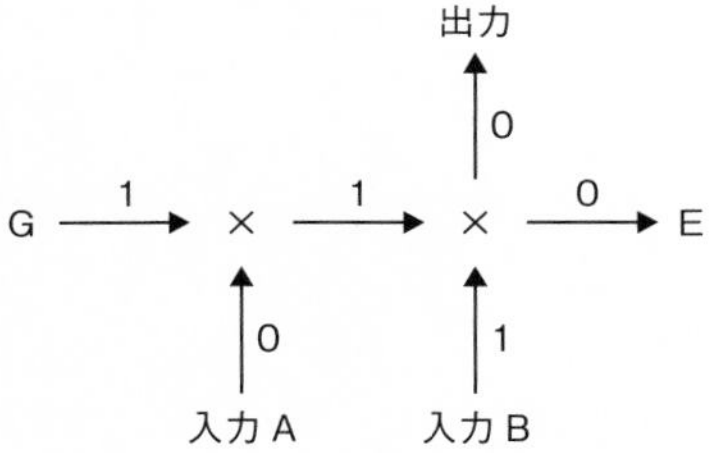

（0, 1）

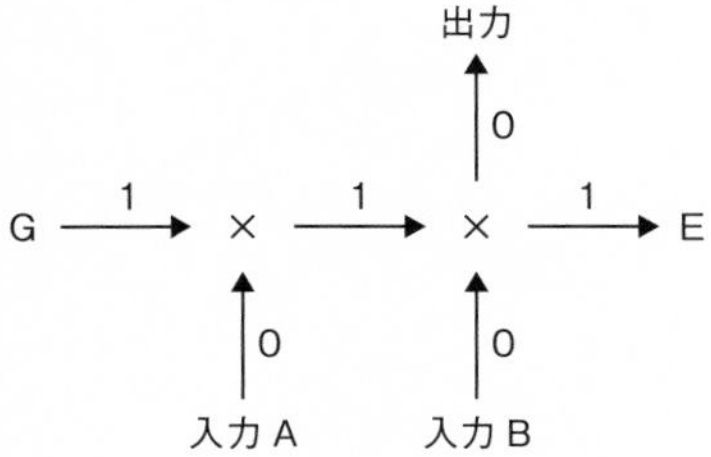

（0, 0）

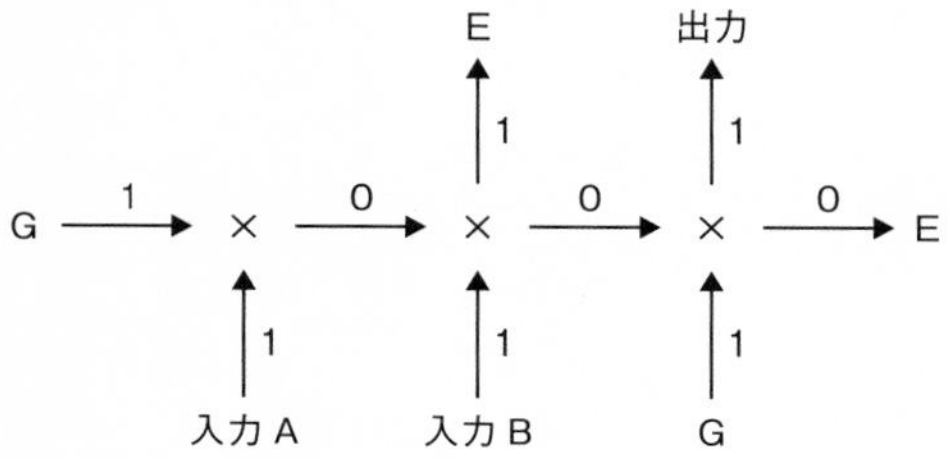

（1, 1）

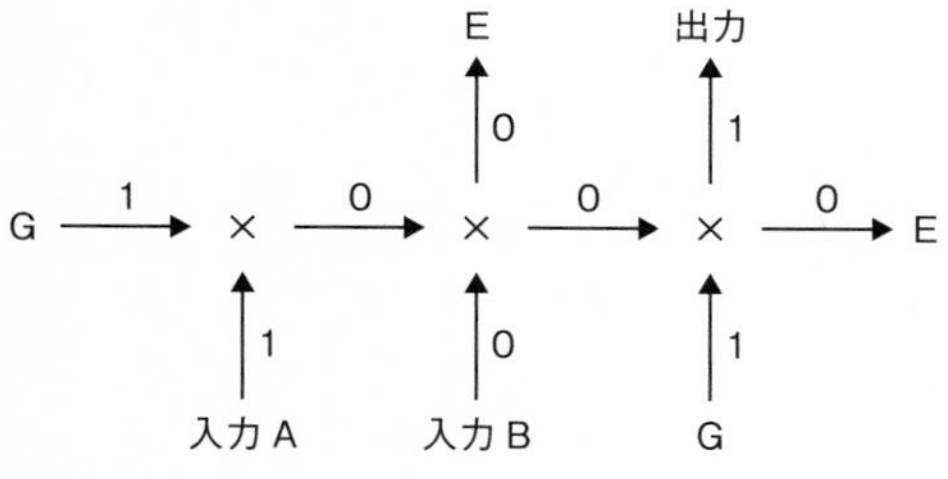

（1, 0）

図4-36　OR ゲート

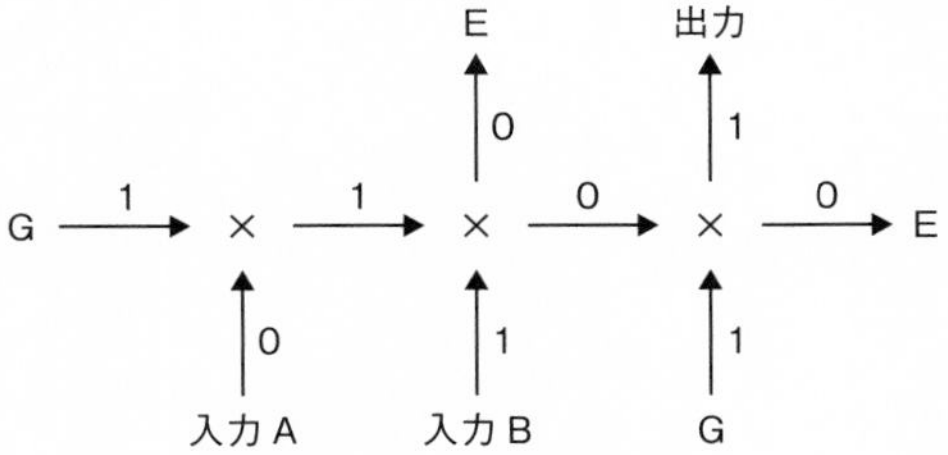

（0, 1）

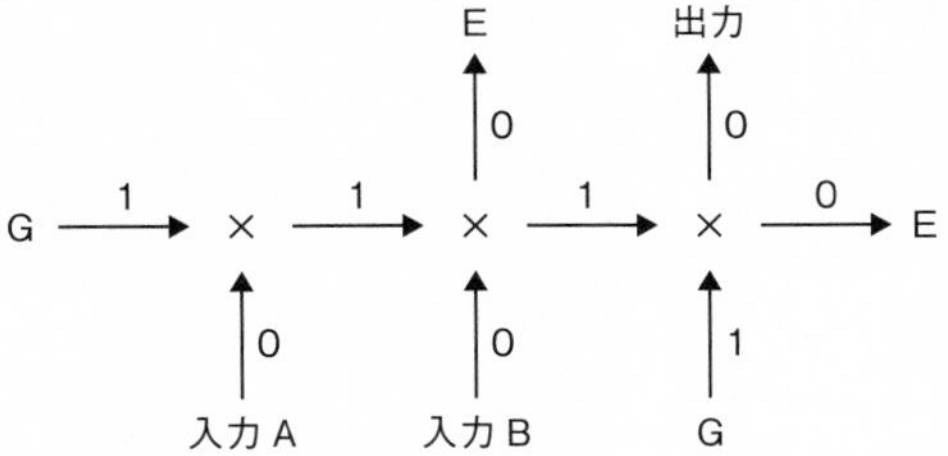

（0, 0）

イダーと衝突して消滅する。つまり出力は0となる。

コンウェイはさらに、いくつかのグライダー・ガンを組み合わせて、任意のグライダー列を複写するシステム、任意のグライダー列を保存するシステムを考案した。

たとえばグライダー列を保存するのは、十分に広い空間の内部をグライダー列が永遠にぐるぐる回り続けるようにするシステムだ。もちろん保存したグライダー列を損なうことなく複写し、外に取り出すシステムも備えられている。

映画『イミテーション・ゲーム』で描かれたアラン・チューリング（一九一二〜一九五四）は第二次世界大戦中、連合軍のために暗号解読の業務にたずさわり、大きな功績を挙げた。ドイツの敗戦を二年早めたとも言われたほどであったが、暗号解読の事業は機密とされたため、その功績が公式に認められることはなかった。

戦後、チューリングは同性愛の罪で逮捕され、「治療」のため性ホルモンの注射を強制されるという屈辱をあじわう。当時イギリスでは同性愛が刑事罰の対象だった。そしてその直後、チューリングは四十一歳の若さで自殺してしまう。

チューリングは第二次世界大戦勃発前である一九三六年に「計算可能数について――決定問題への応用」という論文を発表し、「チューリングマシン」と呼ばれることになる抽象的な計算機械を提唱した。現在のコンピュータもこの抽象的な計算規則にしたがって作動している。そして、どのようなチューリングマシンであってもそれを完璧に模倣することができる万能チューリングマシンが存在することを示した。

万能チューリングマシンと同等の計算能力を持つメカニズムを「チューリング完全」という。つまり簡単に言えば、チューリング完全とは、コンピュータに可能なすべての計算ができる、ということを意味している。

コンウェイはライフゲームがチューリング完全であることを証明した。つまり、論理ゲートとメモリーをうまく組み合わせれば、現在の汎用コンピュータにできるすべての計算をこなすことができる、というわけである。ライフゲーム上に汎用コンピュータを構築することができるのだ。

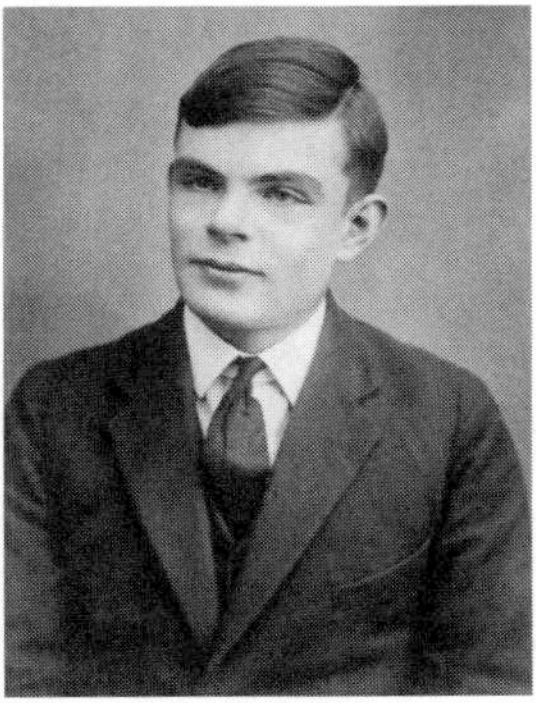
チューリング

このライフゲームのコンピュータは任意のグライダー列をつくり出すことができる。

コンウェイはまた、グライダーの衝突によってさまざまなパターンがつくり出せることに気づいていた。たとえば図４‐37①②は、２機のグライダーの衝突がイーターを生み出す過程だ。

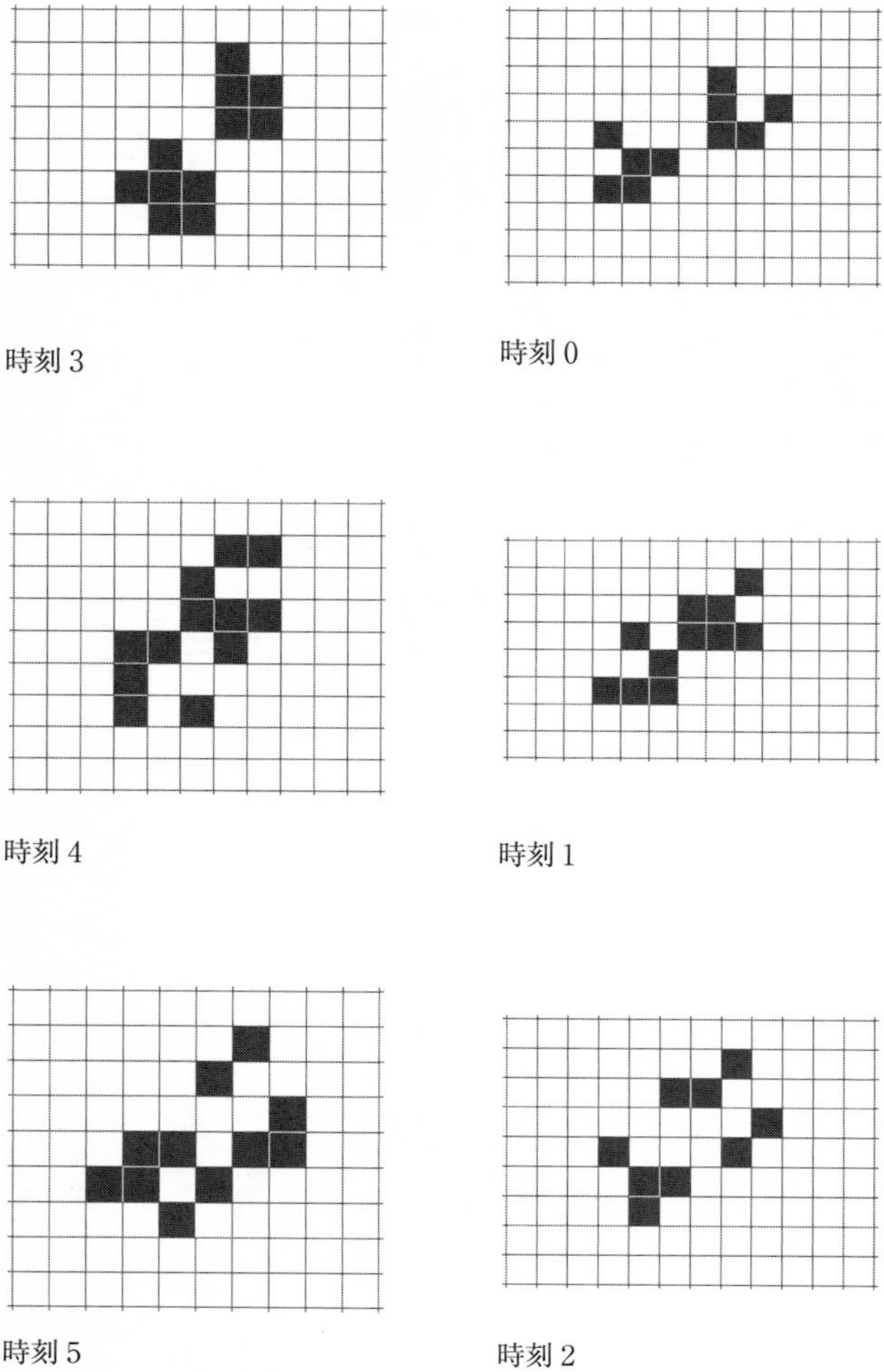

図4-37 ①　イーターを生成するグライダーの衝突①

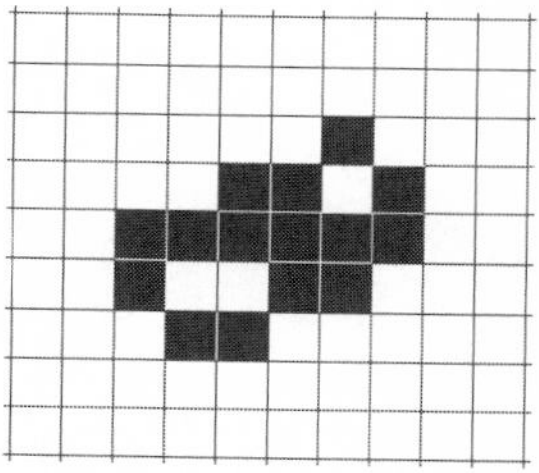

時刻 6

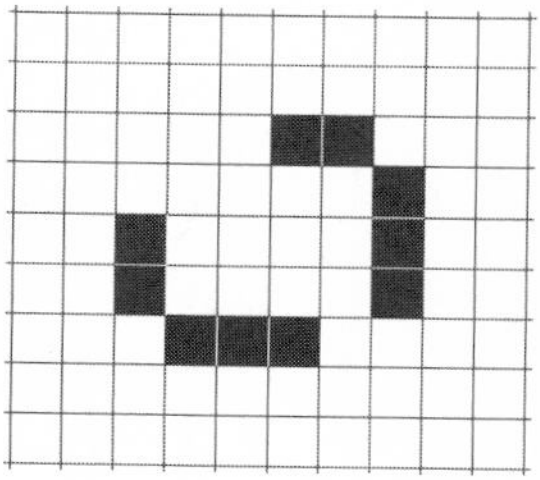

時刻 7

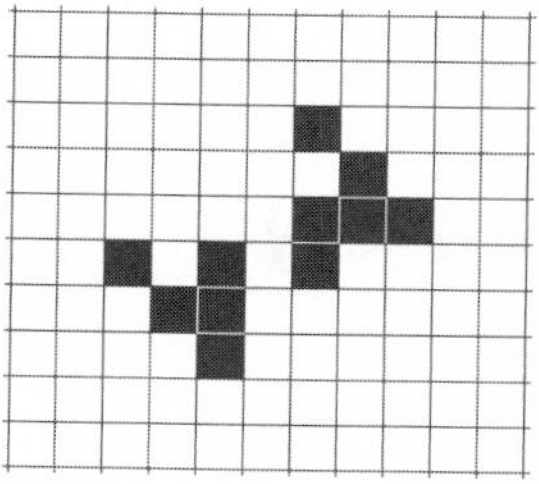

時刻 8

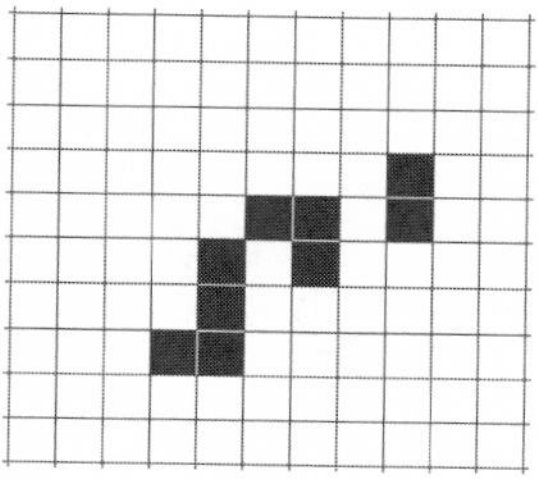

時刻 9

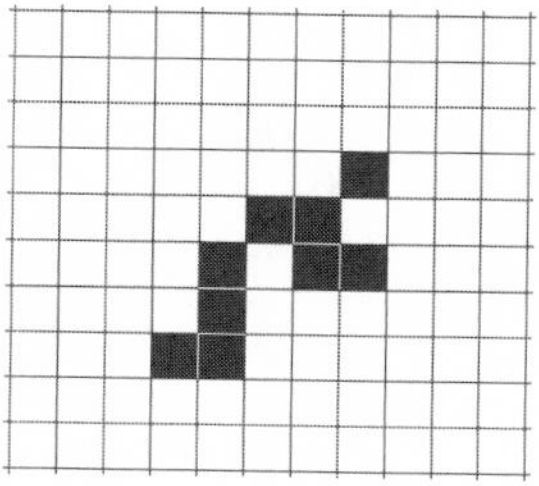

時刻 10

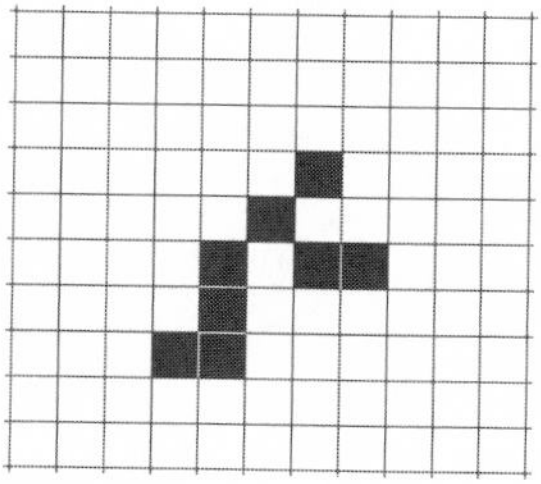

時刻 11

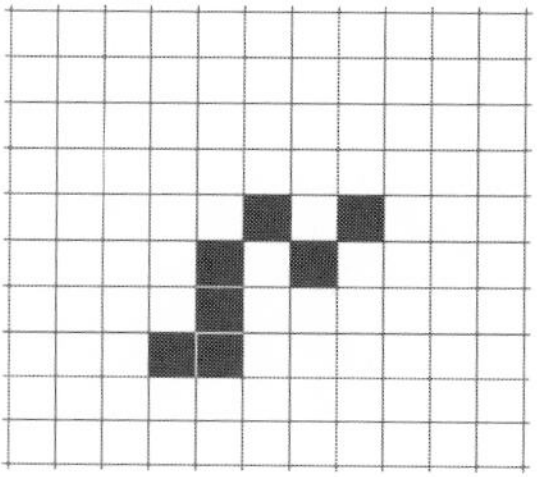

時刻 12

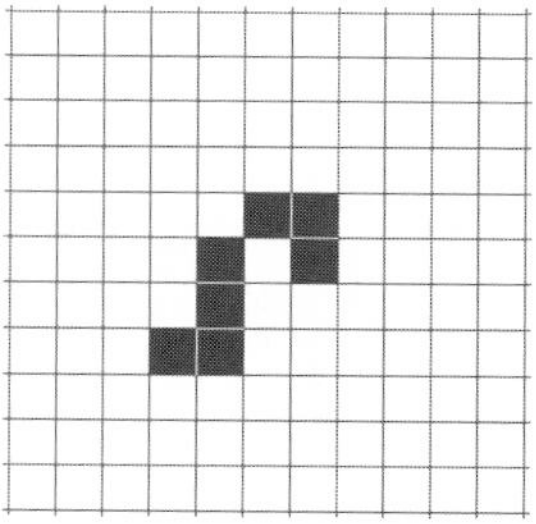

時刻 13

図4-37② イーターを生成するグライダーの衝突②

次に、グライダーの衝突によってグライダー・ガンをつくってみよう。グライダー・ガンは二つのブロックと二つのシャトルを組み合わせたものだった。

図4-38のようにグライダー2機を衝突させると、ブロックになる。

図4-39のように4機のグライダーを衝突させるとシャトルになる。

だから、ブロックを二つつくるために4機、シャトルを二つつくるために8機、そして余分な蜂の巣を消すために1機と、13機のグライダーを衝突させればグライダー・ガンになるというわけだ。

コンウェイはこれを一般化して、グライダーを衝突させることによって任意のパターンをつくりうることを証明した。

つまりライフゲームには、任意のパターンをつくり出す万能建設機が存在するというのである。

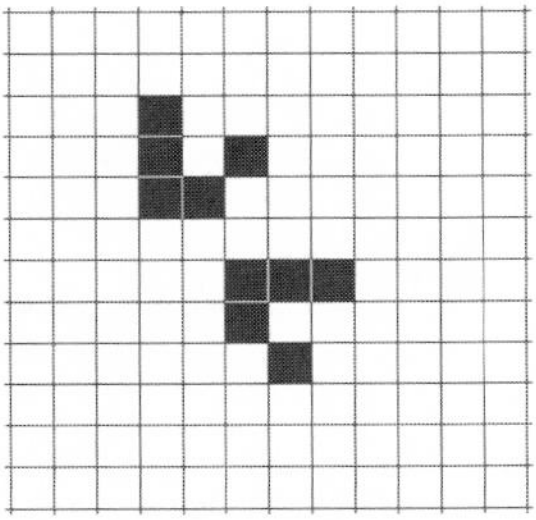

図4-38　ブロックをつくるグライダーの衝突

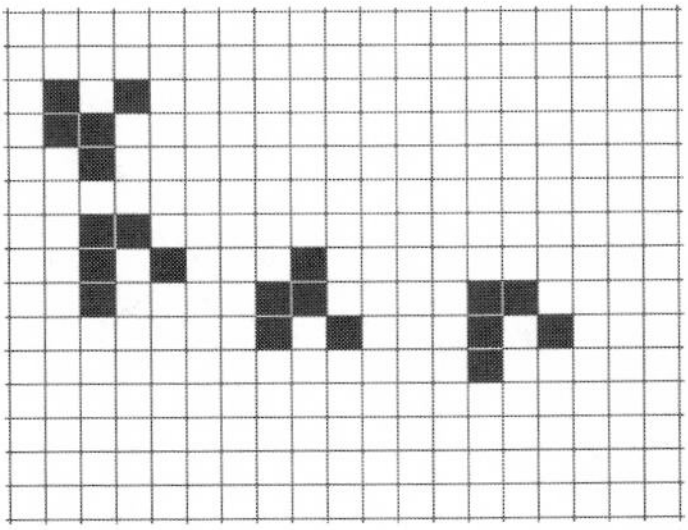

図4-39　シャトルを生成するグライダーの衝突

6

砂漠の惑星

コンウェイの論文はこれで終わりではない。これらの道具を用いて、コンウェイはライフゲーム上で自己再生が可能なパターンが存在することを証明したのだ。さらに、そのパターンは自分自身よりも複雑なパターンを生成することも可能だという。

想像を絶する広さの空間——おそらくこの宇宙全体をセルで埋めても足りないぐらいの空間——が必要となるが、ライフゲームの自己再生パターンは、生物のように進化していくことが可能となるのだ。

ライフゲームはきわめて単純な規則でつくられた、完全に決定論的な世界である。それにもかかわらず、それが生み出す複雑さはわたしたちの想像を超越する。そこには、「生命」ともいいうる自己再生パターンが生息し、それが進化していくことすら可能だというのだ。

スタニスワフ・レム（一九二一〜二〇〇六）に『砂漠の惑星』という傑作ＳＦ小説がある。

六年前に消息を絶った僚艦を調査するため、巨大な宇宙巡洋艦「無敵号」は砂漠の惑星に着陸する。その惑星は地球に似た環境で、水中には魚類に似た生物がいたが、奇妙なことに地上には目につく生物は生息していなかった。

発見された僚艦には、物理的な攻撃を受けた痕跡はなく、食料庫に豊富な食料が残っていたにもかかわらず、乗組員の死因は飢餓だった。

調査の途中、無敵号の乗組員は不思議な黒雲に襲われる。襲われた乗組員は全員が幼児のようになってしまい、コンピュータは完全に初期化され動かなくなっていた。黒雲は自分で飛ぶことのできる昆虫のような小さなロボットの集団で、それらが回転して激しい磁気嵐を起こし、脳やコンピュータを初期化してしまうらしかった。

空からの探索の結果、この惑星には都市のような金属の集落があることがわかった。これらの都市は動くことのできないロボットで、太陽エネルギーを固定化しているらしい。黒雲の構成要素である虫たちはエネルギーを消費するとこの都市へ行ってエネルギーを補給しているのだ。

無敵号はこの黒雲を退治するため、反物質砲を装備した無敵を誇る戦車を出動させるが、この戦車もまたコンピュータを初期化されてしまう。

主人公は生存者を捜索するため、ひとり奥地に向かう。そこで主人公は、無数の虫たちが電光を放って通信している荘厳な光景を目にする。それは会話をしているようでもあり、高度な数学を研究しているようにも見えた。また、虫たちが主人公の存在を認知していることもうかがえた。そこにはあきらかに意識があるように思えた。しかし、意思の疎通などは望むべくもなかった。

調査の結果、ひとつの仮説が提起された。かつて、これらの自動機械を創造した高度な文明を持つ種族がいた。その種族がこれらの機械をこの惑星に持ち込んだのか、あるいはこの惑星で進化したがこれらの機械を残して滅亡したのかははっきりしないが、ともかくその種族が消えた後で、自己再生が可能なこれらの自動機械は独自の進化を遂げ、地上の生物を駆逐した、という仮説だ。

無敵号は黒雲を前に手も足も出せないまま、むなしく砂漠の惑星を飛び立っていく。

コンウェイは、ライフゲームの中に、砂漠の惑星のような世界が存在しうることを証明したのである。

第五章
カオスの縁

1

天啓

一九七一年の暮れだったか、一九七二年のはじめだったかはっきりしないが、いずれにせよ寒さの厳しい冬の夜だった。午前三時ごろ、クリストファー・ラングトン(一九四九〜)はボストンにあるマサチューセッツ総合病院の六階で、ひとりコンピュータのコンソールに向かっていた。

ラングトンは、ベトナム戦争に反対する良心的兵役拒否者として、兵役の代替義務をはたすためにこのマサチューセッツ総合病院で働いていた。ラングトンの上司は、ソフトをコーディングするために若くて頭の切れる人材を多数雇用したが、仕事に関してはまったく規制をしなかった。つまり、決まった時間に決まった場所にいる必要などなく、好きなときに好きなだけ仕事をするように任せたのである。その結果、きまじめな連中は当然のように昼間、マシンを使ったが、ラングトンとその同類たちは夕方の日の暮れる前ぐらいに出かけていって、午前三時とか四時までそこに居残るというのが普通になった。その時間帯であれば、他に遠慮することなく自由にマシンを使える、というのがその理由だった。

その頃、おそろしく遅いコンピュータから新式のコンピュータへの入れ替えがおこなわれていた。ところが、業務に必要なソフトの大半は、古いコンピュータ上でしか動かなかった。これらのソフトを、新しいコンピュータ上で動くように書き換えるという面倒で退屈な仕事をしようと思う者はひとりもいなかった。そこでラングトンは、新しいコンピュータ上に古いコンピュータの仮想マシンを構築する仕事をはじめた。つまり古いソフトをだまして、そこを古いコンピュータだと思わせようとしたのである。

一通りの作業が終わり、ラングトンはコードのデバッグをはじめた。しばらくの間、マシン上で何かを走らせる必要はない。ラングトンは、ＭＩＴの友人からもらったライフゲームを走らせることにした。

まわりには誰もいなかった。

聞こえてくるのはコンピュータの発する低いうなりだけだ。

ラングトンはふと目を上げた。

スクリーン上ではライフゲームが何か好き勝手なことをやっていた。

再びデバッグ中のコードに目を落とした瞬間、首筋の毛がいっせいに逆立つような奇妙な感覚に襲われた。

あきらかに人の気配だった。

仲間がラングトンを驚かすためにこっそり忍び込んできたのだと思い、部屋を見回した。しかし、コンピュータや古い医療機器などが並んでいるだけだった。

その瞬間、人の気配を感じさせたのはライフゲームに違いない、とラングトンは直感した。

窓の外に目をやる。

星がきらめいていた。

よく晴れた、凍てつくような夜だった。

チャールズ川の向こう岸に、ケンブリッジの科学博物館が見える。自動車のヘッドライトの光が動いている。

ケンブリッジという街が、そこで生きて活動していた。そしてそれは、ライフゲームの活動と同じものである、と感じたのだ。

人工生命のアイディアを獲得したあの夜の経験をはっきりと覚えている、と後年、ラングトンは語っている。

2

ウルフラムのクラスⅣ

ハイスクールに通っていた頃、ラングトンは両親——ミステリー作家のジェーン・ラングトンと物理学者のウィリアム・ラングトン——に連れられて街へ行き、政府に抗議する座り込みやティーチインに参加した。ラングトンの両親は、公民権運動やベトナム反戦運動のごく初期の頃からの過激な活動家だった。バスでワシントンへ行き、抗議行動に参加して逮捕されたこともある。

髪を長く伸ばし、ギターなどに凝っていたラングトンは、学校当局の眼鏡にかなう素直な高校生ではなかった。ハイスクールの成績も平均C前後だったため、ハーヴァードやMITなどの名門校が受け入れてくれるはずもなかった。しかし両親は、どこかのカレッジぐらいは卒業しろと言い続けていた。

ラングトンは何とか、イリノイのロックフォード・カレッジに入学した。しかし保守的な気風が強い中西部のトウモロコシ畑の中にあるカレッジは、ラングトンのような長髪族をあたたかく迎えはしなかった。一年後、ラングトンは追い出されるようにしてイリノイを離れ、ボストンにもどった。ボストンではさらに深く反戦運動にかかわるようになり、また、独学でコンピュータの技術を学んでいった。そして、学生に与えられる徴兵猶予期間が切れたため、兵役の代替勤務としてマサチューセッツ総合病院で働き、そこで人工生命の天啓を得たのだ。

しかし、人工生命のアイディアを得たといっても、すぐにその研究をはじめたわけではない。そもそも、ラングトンはまだ研究者ですらなかった。兵役の代替勤務を終えたあと、カリブの霊長類研究センターでサルの相手をしながら一年ほどを過ごしてから、再びボストンにもどったラングトンは、いろいろなアルバイトをしながら、ボストン大学で数学と天文学を聴講するようになった。今度は天文学を専攻したい、と考えるようになっていたのだ。

熱心な聴講生であったラングトンに対してある教授が、本気で天文学をやりたいのならボストン大学ではなくアリゾナ大学へ行くほうがよい、と勧めた。ラングトンはその勧めにしたがってアリゾナ大学に願書を提出し、入学が認められた。

当時、ラングトンはハンググライダーに夢中になっていた。そして、二人の仲間とアメリカ大陸を横断し、適当な山を見つけてはハンググライダーを楽しむという旅に出た。その途中、ラングトンは墜落事故を起こしてしまうのである。全身で三十五本の骨がやられるという大怪我を負ったラングトンは、それでも奇跡的に死を免れた。

一年以上続いたリハビリの期間、ラングトンは手に入るかぎりの科学書を読み漁った。宇宙論や数学の本も読んだが、それよりも思想史や生物学一般の書籍に多くの時間を割いた。

一九七六年秋、アリゾナ大学のキャンパスにたどりついたラングトンは、骸骨《がいこつ》のようにやせこけ、杖をついて歩く二十八歳の大学二年生だった。

すぐにラングトンは、アリゾナ大学の天文学が、自分の欲しているものとは違うことに気づいた。ラングトンの頭には常に人工生命のアイディアが息づいていた。天文学を学びたいと思ったのも、宇宙の起源や構造から、生命の進化を見ていきたいと思ったからだった。さらにそこには、人間の文化の進化も含まれていた。それらすべてが人工生命に結びついていた。目標は、コンピュータ上で進化をシミュレートすることだった。

ラングトン

アリゾナ大学の天文学には失望したが、哲学と人類学は十分にラングトンを満足させた。とくに人類学の教授は、進化についての造詣が深く、ラングトンの研究を後押ししてくれた。

当時の文化人類学は、進化について考えたり、語ったりすることを禁忌とする風潮があった。帝国主義が世界を圧倒していた時代、弱肉強食や優勝劣敗などの似非《えせ》理論によって侵略戦争と社会的不平等を正当化する、いわゆる社会進化論のおぞましい記憶のせいだった。ラングトンはこれが不満だった。そして、文化の進化を説明するほんものの理論をつくることができれば、侵略戦争と社会的不平等に対しても現実的な行動が可能なのではないかと考えた。ラングトンは生涯にわたって、侵略戦争と社会的不平等に異議を唱えつづけてきたのだから。

人類学の教授はラングトンの研究を理解し、後押ししてくれたが、自分はコンピュータや生物、物理についての指導はできないので、アリゾナ大学で研究を続けるためにはその方面の指導教官が必要だ、と指摘してくれた。そこでラングトンはアリゾナ大学のさまざまな研究室を訪ねて回ったが、彼の言うことを理解してくれる教授はひとりもいなかった。

ラングトンは結婚し、生活のためステンドグラスの仕事などをしながら、借金をしてアップルⅡホーム・コンピュータを購入して実験をはじめた。ラングトンは生来、物をこしらえたり機械をいじったりするのが大好きだった。一生ステンドグラスの仕事をしてもいいな、という思いもあったが、頭の中に棲みついた人工生命のアイディアがそれを許さなかった。

同時に膨大な量の文献を読んで、研究を進めていった。しかし、アリゾナ大学にラングトンの居場所がないのはあきらかだった。

ラングトンはミシガン大学のコンピュータ・アンド・コミュニケーション・サイエンス科に籍

を移した。そこは、まさにラングトンが追い求めていたテーマを追究していた。ラングトンはそこで、これまで断片的にしか学んでこなかったことを系統的に学びはじめた。とりわけ、非線形力学やカオスなどの分野に力を入れた。そして、人工生命についても着々と成果をあげていった。

従来の生物学は、大成功を収め近代文明の基礎を築いた近代のパラダイムにのっとって研究が進められていた。つまり生物を種、生物体、器官、組織、細胞、細胞小器官、さらには分子に分解することによって理解しようという方向だ。

人工生命はそれとは正反対の方向へ進む。単純な部品から組み立てた人工のシステムに生命に似た振る舞いをさせ、そこから生命を理解しようという方向だ。生命は物質に依存しているのではなく、その組織化の過程に特性がある、とラングトンは考えていた。つまり、四十億年前にたまたま地球で発生した、炭素を中心とする特殊な化学的現象だけが生命ではない、という考えだ。

従来の生物学は、トップダウン・アプローチによって生命を解明しようとする。精密な機械を設計するときのように、生命を再構成するというわけだ。そのためには、当然のことながら、システムについてのすべての情報をあらかじめ知っておく必要がある。しかしシステムが複雑になれば、組み合わせの爆発のようなことが起こり、トップダウン・アプローチではそれ以上進むことができなくなる。

人工生命は、ボトムアップ・アプローチを採用する。そこでは、自己組織化や創発というような概念が鍵となる。

創発とは、個々の要素が互いに影響を及ぼしあって、事前に予測できない思いもかけない現象を引き起こすことだ。複雑系の科学の中心となる概念だ。

しかし、人工生命で具体的な成果をあげるには、最低でも十年は研究を続ける必要があるように思われた。研究者として生きていくためには博士号を取得する必要がある。ラングトンは、一、二年で結果を出すことができそうなテーマに挑戦することにした。

ラングトンが目をつけたのは、セル・オートマトンだった。

コンウェイが2次元セル・オートマトンであるライフゲームを発表した十三年後、まだカリフォルニア工科大学の学生だった弱冠二十三歳の若き物理学徒、スティーブン・ウルフラム（一九五九〜）が、1次元セル・オートマトンについての画期的な論文を発表した。

ライフゲームの場合、近傍の8個のセルの状態によって中央のセルの運命が決まる。1次元の場合、近傍は左右に一つずつとなる。その場合もなかなかおもしろい結果が出てくるが、ウルフラムが主として研究したのは、左右に二つずつ、合計4個のセルの状態によって中央のセルの運命が決まる、という規則についてだった。

ウルフラムはこれらの規則についてのセル・オートマトンの振る舞いを調べ、それが四つのクラスに類別されることを発見した。

クラスⅠの場合、最初にどのように黒と白のセルが配置されていても、時刻1か時刻2にはすべて白になってしまう。死の世界というわけだ。

クラスⅡの場合は、しばらく待っていると、動きのない黒のセルの塊と、周期的な振動をする物体だけになってしまう。ライフゲームでの、固定物体と振動子だけが残る状態と同じだ。これも力学的に興味を引く現象ではない。

クラスⅢは、クラスⅡとは逆に、手をつけることができないほど過激な運動を繰り返す。予測できるようなことは何もなく、何か構造物のようなものができてもすぐに崩壊してしまう。カオスになってしまうのだ。

クラスⅣは、クラスⅡの秩序やクラスⅢの混沌とはまったく違うものだった。クラスⅢのように激しい活動が展開されるが、そこには一貫性があった。構造物が増殖し、成長していくのだ。また、分裂と合体を繰り返しながらさらに精妙な構造物ができあがったりもする。

ライフゲームとそっくりなのである。さらにウルフラム

ウルフラム

は、クラスⅣの1次元セル・オートマトンはライフゲームと同じくチューリング完全であることを示した。

しかし、クラスと規則との関係はわからなかった。ある規則がどのクラスの現象を引き起こすかは、実際にその規則でセル・オートマトンを動かしてみるまではわからなかったのだ。

ラングトンはこの問題に挑戦することにした。

ちょうどそのとき、力学系とカオスについて深く研究していたラングトンは、カオスを生み出す非線形の運動方程式にはその状態を決定するパラメータが含まれていることを知っていた。

豊かな川の流れは豊穣の大地を生み出す。ところがひとたび川の上流で大雨が降ると、甚大な水害をもたらす激流となる。その状態を決定するパラメータは、水の流量だ。

ウルフラムのクラスⅠ、クラスⅡは秩序領域、クラスⅢはカオス領域と考えられる。そこに、同じようなパラメータがあるのではないか。

ラングトンは考えられるさまざまなパラメータを用いて、コンピュータ上で1次元セル・オートマトンを走らせ、実験を繰り返した。しかし、期待したような結果は出てこなかった。

最後に残ったのは、あまりにも簡単なものだったのでたぶんだめだろう、と思っていたパラメータだった。λ《ラムダ》と名づけられたそのパラメータは、各セルが次の時刻で生き残る確率、という単純きわまりないものだった。

ところが、これがドンピシャリだったのである。λの魔法の臨界値付近に、クラスⅣを生み出す規則が集まっていたのだ。そして、あのライフゲームのλの値もまた、ちょうどその臨界値の中央にあったのである。

λの値が臨界値より小さければ、クラスⅠやクラスⅡの秩序状態になり、臨界値付近のごく狭い範囲であればクラスⅣという芸術的ともいえる創造の領域となる。そして臨界値を超えると、クラスⅢのカオス状態になる。

これはまさに、氷が水に変わるときのような相転移だった。氷が水になる、あるいは水が氷になる相転移の瞬間、あの雪の結晶のような芸術的ともいえる創造の領域が生まれることはよく知られている。

ラングトンはこのアナロジーを力学系一般へと拡張した。

クラスⅠとクラスⅡ　⇕　クラスⅣ　⇕　クラスⅢ
固体（氷）　⇕　相転移　⇕　流体（水）
秩序　⇕　複雑性　⇕　カオス

このクラスⅣ＝相転移＝複雑性の瞬間は現在、「カオスの縁《ふち》」と呼ばれている。

ラングトンはこのカオスの縁をテーマとした論文の準備をはじめた。ところが、博士号をとる前に、コンピュータ・アンド・コミュニケーション・サイエンス科は、管理上、あるいは財政上などのさまざまな理由により、より実用的な工学部に吸収され、ラングトンの指導教授らも大学を去ってしまった。途方にくれていたラングトンを拾ってくれたのが、サンタフェ研究所だった。

3　サンタフェ研究所

映画『ロスト・ワールド／ジュラシック・パーク』の原作であるマイケル・クライトン（一九四二〜二〇〇八）の小説『ロスト・ワールド――ジュラシック・パーク2』（酒井昭伸訳、早川書房、一九九五）の冒頭にサンタフェ研究所が登場する。引用しよう。

キャニオン・ロードぞいにならぶ、数棟の建物――そこにサンタフェ研究所はある。これらの建物は元修道院を改装したもので、研究所のセミナーが開かれるのは、かつて

は礼拝堂に使われていた部屋だ。（中略）
サンタフェ研究所は、カオス理論の応用に興味を持つ科学者グループにより、一九八〇年代なかばに設立された。所属する科学者たちの専門分野は、物理学、経済学、生物学、コンピュータ・サイエンスと、多方面にわたる。メンバーに共通するのは、世界の複雑さの下には潜在的な秩序構造がひそんでいるという考えかただ。彼らによれば、いままで科学が見落としていたそれを暴きだしたものこそは、カオス理論――いまでは〝複雑性《コンプレキシティ》の理論〟として発展した理論にほかならない。ある科学者のことばを借りるなら、複雑性の理論は〝21世紀の科学〟なのである。
研究所が調査してきた複雑なシステムのふるまいは、膨大な数におよぶ。市場における企業のふるまい、ヒトの脳におけるニューロンの活動、細胞に見られる酵素のカスケード系、渡り鳥の集団行動――いずれも複雑すぎて、コンピュータの出現以前には研究しようがなかったシステムばかりだ。この研究はまだ新しく、その発見は驚異に満ち満ちている。
そして、複雑なシステムにはいろいろと共通するふるまいが見られる。科学者たちがそれに気づくのに長くはかからなかった。そこで彼らは、それらのふるまいが、あらゆる複雑なシステムに特徴的なものであると考えはじめた。システムの部分部分を分析することではそれらを説明しえないことにも気がついた。歴史によって検証された還元主義という科学的アプローチは——たとえば、時計の仕組みを知るために分解してみるという方法は——相手が複雑なシステムの場合、どこにもたどりつけない。なぜなら、興味深いふるまいというものは、各構成部分の自発的な相互作用によって引き起こされるらしいからである。そういったふるまいは、計画的なものでも指示されてなされるものでもない。自発的に発生する。そこから、このようなふるまいを〝自己組織化〟と呼ぶ。

続く、主人公イアン・マルカムの講演もなかなか興味深い。

「いくつもある自己組織的なふるまいのなかで——」

と、イアン・マルカムはつづけた。

「——進化の研究に対し、とくに関係の深いものがふたつある。ひとつは、適応だ。これはいたるところで見かけられる。企業は市場に適応し、脳細胞は情報の流れに適応し、免疫系は感染に適応し、動物は食物供給に適応する。そういった事例からも、われわれは適応能力が複雑なシステムに特徴的なものであり——進化がより複雑な機構へむかっていく理由のひとつかもしれないと考えるにいたった」

　マルカムは重心を変え、杖に体重を移動させた。

「しかし、それよりもずっと重要なことは——複雑なシステムが、秩序の必要性と変化への要求との絶妙なバランスの上に成りたっているらしいという点にある。複雑なシステムは、われわれが〝カオスの縁〟と呼ぶところに身を置きたがる。われわれが想像するカオスの縁とは、生きているシステムが活力を維持できる程度には革新性を宿しつつ、まとまりを失って無秩序に陥らない程度には安定性を維持する場所だ。それは闘争と変革の場であり、そこでは新旧双方がたえず戦いをくりひろげている。そんななかで均衡点を見つけることは、微妙な問題にちがいない。生きているシステムがカオスの縁に近づきすぎれば、縁からころげ落ちて散逸、分解してしまう危険がある。その逆に、カオスの縁から離れすぎればシステムは硬直し、硬化し、画一化してしまう。どちらの状態も、その先に待つのは絶滅だ。多すぎる変化は少なすぎる変化とおなじくらい害をなす。ただカオスの縁においてのみ、複雑なシステムは繁栄しうるんだ」


　もちろん小説はフィクションであり、マルカムも架空の人物だが、サンタフェ研究所に関する記述と講演の内容はおおむね正確だ。

サンタフェ研究所における複雑系サマースクール2012の集合写真
(サンタフェ研究所HPより)

ジョージ・コーワン(一九二〇〜二〇一二)は近代のパラダイムにとらわれている科学の限界を感じ、科学革命が必要だと痛感していた。しかし細分化された現在の大学での研究から、そのような革命が起こる可能性はなかった。さまざまな科学の分野が自由に交流する、新しい空間が必要だった。

コーワンは、クォークの名づけ親であるマレー・ゲルマン(一九二九〜二〇一九、一九六九年にノーベル物理学賞受賞)をはじめとして、フィリップ・ウォーレン・アンダーソン(一九二三〜二〇二〇、一九七七年ノーベル物理学賞受賞)、ケネス・ジョセフ・アロー(一九二一〜二〇一七、一九七二年ノーベル経済学賞受賞)らと語り合い、サンタフェ研究所を開設した。

サンタフェ研究所に集まったのは、物理学、数学、コンピュータの専門家だけではない。生物学、経済学をはじめ、さまざまな分野の学者、研究者が集まってきた。ノーベル賞の受賞者もいれば、科学革命を夢見る若い研究者もいた。研究所は完全に開かれた空間となり、いたるところで刺激的な出会いが実現した。複雑系の科学に邁進する梁山泊の様相を呈したのである。

ラングトンはこのサンタフェ研究所で、水を得た魚のように、八面六臂の活躍を見せた。ラングトンが提唱した人工生命は、自己組織化、そして創発のおびただしいモデルをコンピュータ上で実現した。それらのひとつひとつが、複雑系の科学に大きく寄与していったのである。

第六章

生命

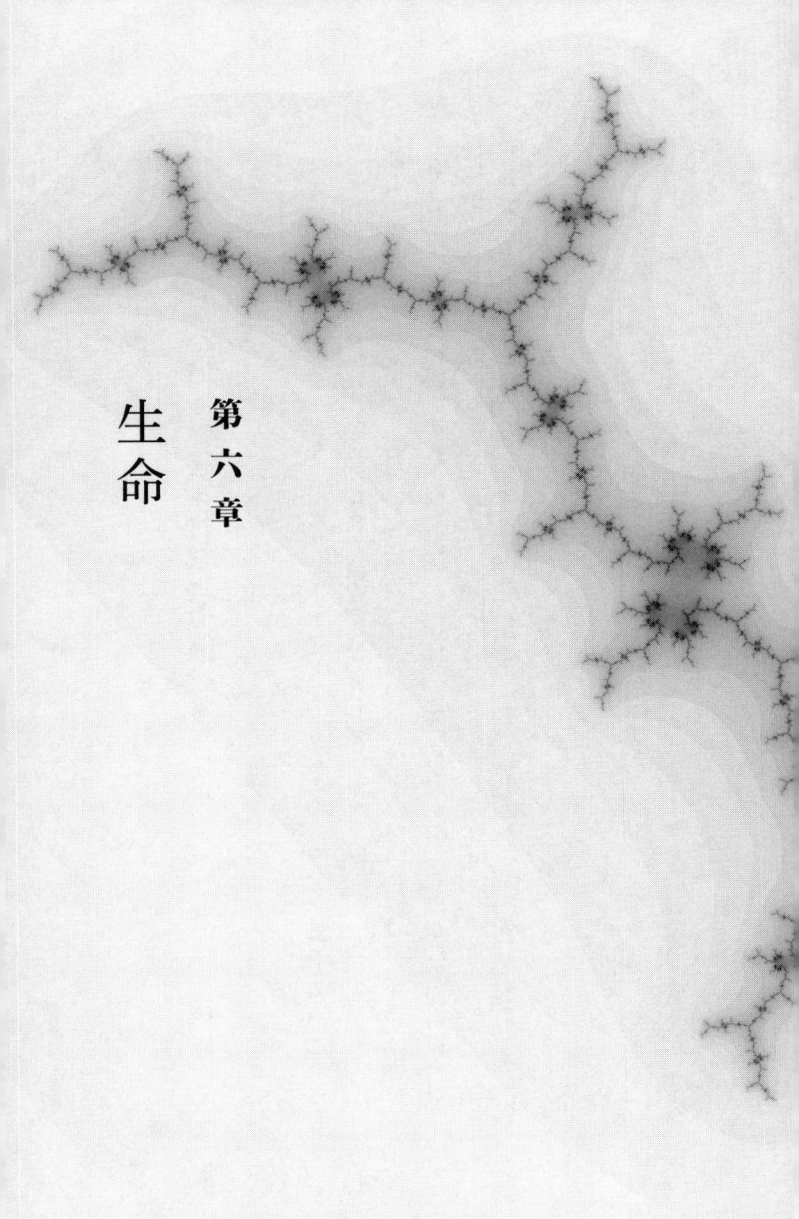

1　行き詰まる近代のパラダイム

ここまで、カオス、フラクタル、セル・オートマトン、カオスの縁などを見てきた。これらの現象はそれ自体、非常に興味深く、現在も研究が進められている。

しかし、複雑系の科学が目指している目標がここにあるわけではない。敵の〝本陣〟は誰が何と言おうと、人類最大の謎である生命であり、そして、その生命がつくり出した人間の社会、歴史、経済なのである。

敵の本陣に斬り込む前に、近代のパラダイムが生命に対して果敢な突撃を敢行し、あえなく敗れていったさまを振り返ってみよう。

一九四四年、ナチス・ドイツの迫害を逃れてアイルランドのダブリンに隠棲していたエルヴィン・シュレーディンガー（一八八七～一九六一、一九三三年にノーベル物理学賞受賞）が『生命とは何か』という小冊子を出版する。

シュレーディンガーは遺伝子に注目した。親から受け継がれる小さな遺伝子の中に生物が必要とするすべての情報が含まれている。そのような情報を内包する安定的な物質は分子に違いない、とシュレーディンガーは予言した。また、情報を保存するためにはその分子を構成する原子は非周期的に並んでいる必要がある、と付言した。

つまり、遺伝子は非周期的な巨大分子だ、というのである。

繰り返しになるが、遺伝子の中には生物が必要とするすべての情報が含まれている。つまり遺伝子こそが生命の本質であり、遺伝子を解明すれば生命の謎はあきらかになる、と考えたのである。

シュレーディンガー方程式の完成によって、すでにシュレーディンガーは物理学界の大御所となっていた。そのシュレーディンガーが書いたこの小冊子は多くの若い研究者を動かした。とりわけ、かなりの数の物理学徒が生物学の門を叩くことになった。

人間の体内にある巨大分子は脂質、炭水化物、タンパク質、核酸の4種類に分類される。このうち、脂質と炭水化物は、非周期的、という条件に反する。

タンパク質は20種類のアミノ酸が一列に並んだ巨大分子だ。タンパク質は合成されると同時に分子内部の力のために極端にねじれていき、独特の形になる。この形が重要なのだ。レゴブロックのように、ぴったりと合う他のタンパク質とくっついたり離れたりしながら、タンパク質は肉体の構成要素である巨大な構造物になったり、物質を輸送したり、信号を伝達したり、有害な細菌などに対抗する抗体となるなどの働きを担うのである。とくに生物にとって重要なのは、その独特な形によって他の物質を誘導し、その化学反応の速度を調整する触媒としての働きだ。

アミノ酸は理論上いくらでもつないでいくことができるので、無限の種類のタンパク質が存在することになる。しかし現在の科学では、どのアミノ酸がどのような順序でつながったかがわかっても、そのタンパク質の形を予想することはできない。タンパク質内部の微妙な分子内の力の関係は、スーパーコンピュータでも計算しつくすことはできない。つまり、アミノ酸の配列がわかっても、そのタンパク質がどのように働くのかはわからないのだ。

もうひとつの巨大分子である核酸は、DNAとRNAの総称だ。DNAは、シトシン（C）、チミン（T）、アデニン（A）、グアニン（G）という4種のヌクレオチドが並んだ巨大分子で、RNAはチミン（T）の代わりをウラシル（U）がつとめる以外はほとんどDNAと同じ構造をしている。

アミノ酸という要素が一列に並んだタンパク質と同じように、核酸はヌクレオチドという要素が並んだ巨大分子なのだが、核酸にはタンパク質のような決まった形というものはない。分子レベルでは、その形が機能を決定する。決まった形のない核酸は、いったい何のために体の中に存在するのか、わかっていなかった。

シュレーディンガーが予言した遺伝子の条件――非周期的な巨大分子――に合致するのはタンパク質と核酸であったが、多くの研究者は、何のために存在するのかわからない核酸ではなく、生体にとって欠かすことのできないタンパク質こそが遺伝子であると信じ、研究を進めた。タンパク質は、それを構成するアミノ酸が20種類なので、4種類のヌクレオチドがつながった核酸よりも多くの情報を内包することができる。また、核酸には決まった形がないが、分子の世界では形が機能を示すので、形のない核酸が何らかの働きをしているとは思えなかったという点も大きかった。

しかし、研究を進めていくと、遺伝情報を伝えるのは意外なことにＤＮＡであることがあきらかになる。一九二八年、フレデリック・グリフィス（一八七九〜一九四一）が、バクテリアの形質転換を発見した。つまり、遺伝情報が転移しうることを示したのである。さらに一九四四年、オズワルド・エイブリー（一八七七〜一九五五）がグリフィスの研究を受け、遺伝情報を転移する物質がＤＮＡであることを突きとめた。そしてエイブリーの研究によってＤＮＡに興味を持ったエルヴィン・シャルガフ（一九〇五〜二〇〇二）が、一九五〇年、ＤＮＡに含まれるＡとＴの数が等しく、ＣとＧの数も等しいという法則を発見した。シャルガフの法則だ。

焦点はＤＮＡの構造へと絞られていった。

この頃、結晶化した分子の構造を探る方法として、Ｘ線回折分析が注目を集めていた。結晶に

X線を照射すると、X線が原子に衝突して散乱する。その画像をもとに、逆フーリエ解析という計算によって結晶の構造を決定する、という方法だ。塩の結晶のような単純な構造なら計算は楽だが、DNAのような複雑な構造を分析するとなると、その計算は生半《なまなか》のものではなかった。まだコンピュータが自由に使える時代ではなかった。

当時、この分野の第一人者と目されていたひとりに、ロザリンド・フランクリン（一九二〇～一九五八）がいた。女性が自由に研究に没頭できる時代ではなかったが、フランクリンは研究に集中し、二十五歳で博士号を取得した。一九五〇年、ロンドン大学のキングス・カレッジで研究職を得て、DNAの構造解析に取り組む。一九五三年にはphoto51と呼ばれる鮮明なX線解析写真の撮影に成功した。この写真は、当代一と言われていたフランクリンの技術をもってはじめて撮ることができたものだった。

フランクリンはこの写真をもとに、困難な計算を続けた。数年後には、計算によって確実に、正確なDNAの構造を確定することできるはずだった。

ところが、フランクリンの同僚であるモーリス・ウィルキンス（一九一六～二〇〇四、一九六二年ノーベル生理学・医学賞受賞）がフランクリンに無断で、photo51をはじめとする写真をフランシス・クリック（一九一六～二〇〇四、一九六二年ノーベル生理学・医学賞受賞）とジェームズ・ワトソン（一九二八～、一九六二年ノーベル生理学・医学賞受賞）に見せてしまう。

クリックもワトソンももともとは物理学徒であったが、シュレーディンガーの『生命とは何か』を読んで生物学に飛び込んだ男たちだった。

クリックとワトソンはフランクリンとは異なり、計算ではなく分子模型を組み立てることでDNAの構造を探ろうとした。雑貨屋などで材料を買い集めて部品を作り、子供がレゴブロックで遊ぶようにそれらの部品を組み立てていったのである。

フランクリンの写真は情報の宝庫だった。DNA鎖が2本であり、スクリューのように回転しながら螺旋を描いていること、骨格が外側、ヌクレオチドが内側にあることなどをその写真から読み取ることができた。

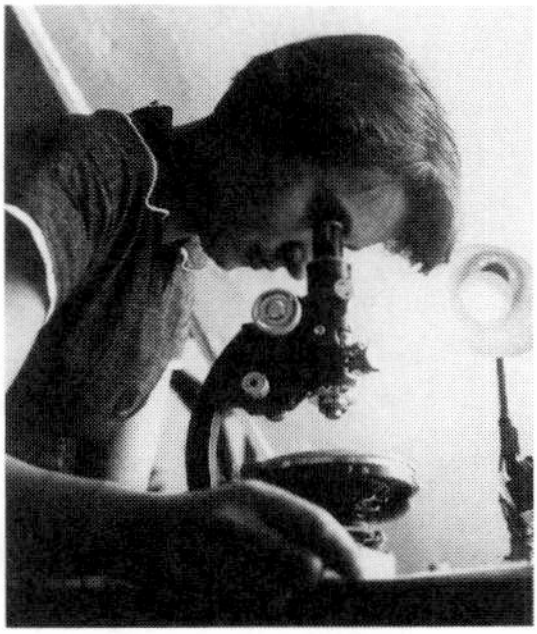

フランクリン

試行錯誤が繰り返された末、ついにAとT、CとGが相補的に結合した二重螺旋《らせん》構造であれば、フランクリンの写真と完全に一致することを発見した。相補的に結合する、とは、AとT、CとGが必ず組となって結合し、AとCやAとGのような結合はありえない、という意味だ。

この構造から、DNAのコピーがどのようになされていくかを容易に想像することができる。

まず2本のDNA鎖を引き剝がす。1本だけで細胞の中に浮かんでいるDNA鎖に対し、やはり細胞の中に浮遊しているA、T、C、Gのヌクレオチドが結合していく。そのとき必ずAとT、CとGが組になって結合する。するともとの2本鎖のDNAと同じものができあがる、という仕組みだ。

一九六二年、ウィルキンス、クリック、ワトソンの三人はDNAの構造を解明した功績によりノーベル生理学・医学賞を受賞する。しかしその場に、X線解析写真の撮影という決定的な貢献をしたフランクリンの姿はなかった。ノーベル賞は死者には贈られない。フランクリンは一九五八年、三十七歳の若さで他界していた。X線を無防備に浴び続けたためにガンを発症した、とも言われている。

フランクリンの死後、ワトソンはベストセラーになったその回想録『二重らせん』の中でフランクリンのことを「気難しく、ヒステリックなダークレディ」と記述した。フランクリンの写真を盗んだことを正当化するため、とも言われている。死人に口無し、というわけだ。

またワトソンは後年、「黒人は遺伝的に劣等である」などの人種差別的発言を繰り返し、非難を浴びている。

DNAが、A、T、C、Gの四つの文字による遺伝情報であることがあきらかになった。これには全世界が興奮した。次の課題はその暗号を読み解くことだった。ビッグ・バン理論で名高いジョージ・ガモフ（一九〇四〜一九六八）がこの作業に参画するなど、人類の知性のトップたちが注目したのである。

遺伝暗号を解いたのは、マーシャル・ニーレンバーグ（一九二七〜二〇一〇、一九六八年ノーベル生理学・医学賞受賞）とコビンド・コラナ（一九二二〜二〇一一、一九六八年ノーベル生理学・医学賞受賞）だった。

DNAの暗号は、3文字が単位となっている。3文字がひとつの単語、というわけだ。この3文字をコドンという。コドンは基本的にアミノ酸を指定している。

4種類の文字を3つ並べる方法は、4の3乗で64通りになる。アミノ酸は20種類だ。当然、重なりがある。また、アミノ酸を指定する以外に、作業の開始、作業の終わりを示すコドンも存在する。つまり、作業の開始から作業の終わりまでのコドンの並びは、一つのタンパク質をつくる設計図というわけだ。

タンパク質を合成するときは、まずそのタンパク質の設計図となるDNAの部分がほぐれ、そこにヌクレオチドが結合していく。ただし、ここではTのかわりにUが使われる。この活動を調整し、促進する酵素がRNAポリメラーゼだ。コピーの作業は、タンパク質を暗号化したDNAに近接しているプロモーターと呼ばれる部分に、RNAポリメラーゼが結合することによってはじまる。

話が少しややこしくなったが、とにかくこれによって、タンパク質の設計図の部分だけをコピーしたRNAが合成される。これがメッセンジャーRNA（以下、mRNA）だ。

mRNAは細胞核を飛び出し、細胞内の小器官であるリボソームのところへ行き、指定された位置にぴったりとはまり込む。そこでmRNAのひとつのコドンだけが所定の位置に露出する。

細胞内には20種類のアミノ酸が溶け込んでいる。ここに登場するのが、トランスファーRNA（以下、tRNA）だ。tRNAはmRNAが指定するアミノ酸のコドンに相補的なコドンを持っており、そのアミノ酸とだけ結合する。アミノ酸と結合したtRNAはそのアミノ酸をリボソームに運ぶ。

たとえばリボソーム上で露出しているmRNAのコドンがAAAであれば、UUUというコドンを持つtRNAがリボソーム上で結合する。UUUというコドンを持つtRNAは、AAAというコドンが指定するリシン（Lys）というアミノ酸を運んできている。

リシンをリボソーム上に置くと、tRNAは離れ、mRNAは1コドン分だけずれる。そしてあらたに露出したコドンに対応するtRNAがそこに結合し、指定されたアミノ酸がリシンの後に結合する。

こうして、mRNAがずれるたびに、それに対応したtRNAが指定されたアミノ酸を運んできて、次々にアミノ酸をつなげていく、というわけだ。mRNAのコドンがstopを示すと、

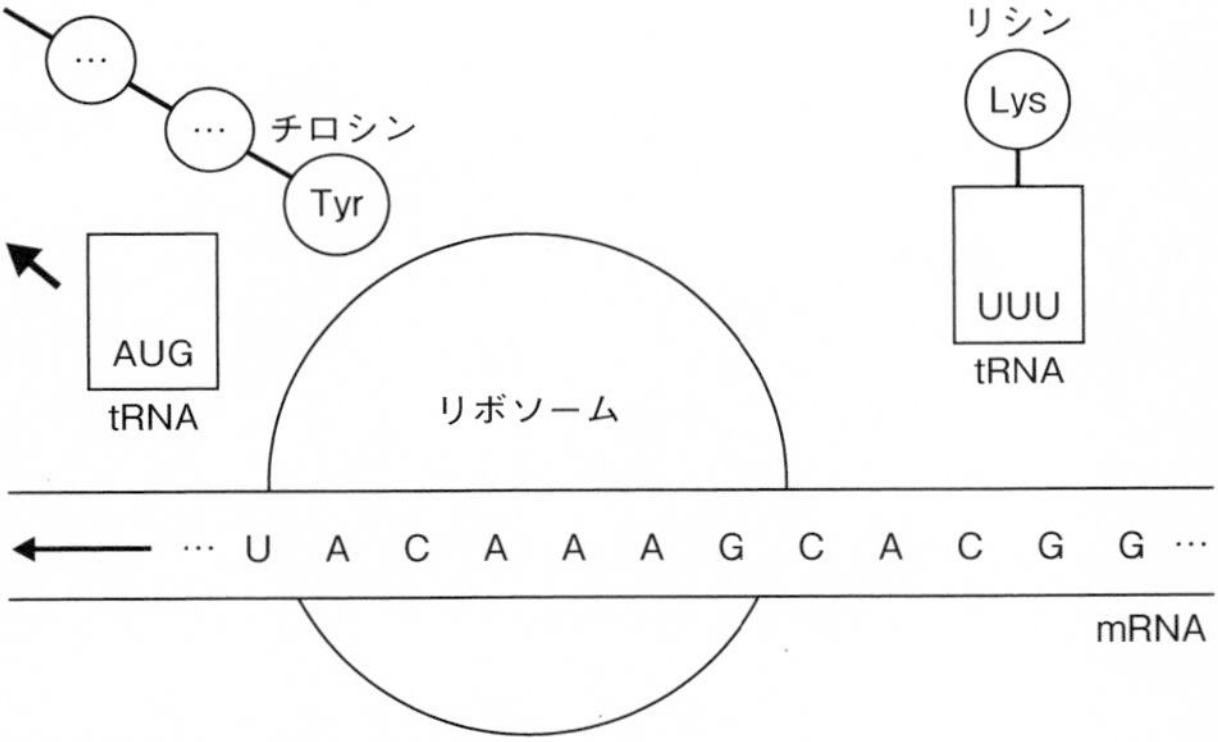

図6-1　セントラルドグマ①

リボソーム（大きな円）の中で、mRNA のコドンがずれていく。直前にUAC と結合した、チロシン（Tyr）を運んできた tRNA（AUG）は離れていく。リシン（Lys）を運ぶ tRNA（UUU）は細胞内に浮いている

アミノ酸の鎖は完成する。完成したアミノ酸の鎖は、分子内部の力によって複雑にねじれ、そのタンパク質独特の形になる。

タンパク質を合成するこの一連の過程（図６－１～図６－３）を、クリックは「セントラルドグマ」と名づけた。

ＤＮＡの情報によってタンパク質が合成されていく過程があきらかになった。次の問題は、いつ、どういうタイミングでタンパク質が合成されるかだ。

人間の細胞は２７０種ほどだといわれている。それらの細胞が持っているＤＮＡはみな同じだ。しかし、たとえば目の細胞が必要とするタンパク質と、肝臓の細胞が必要とするタンパク質は異なる。同じＤＮＡなのにどうして異なるタンパク質が合成さ

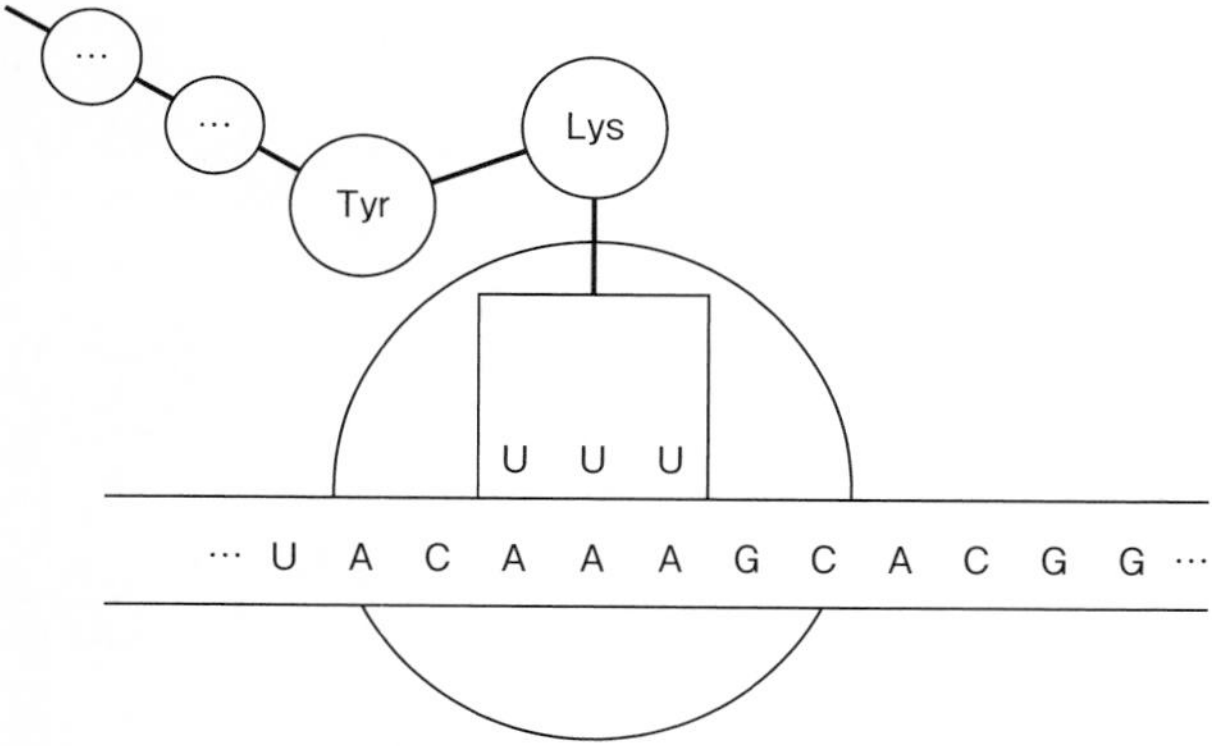

図6-2　セントラルドグマ②
リボソーム内でmRNAのコドンAAAが所定の位置につき、リシンを運んできたtRNAが結合する

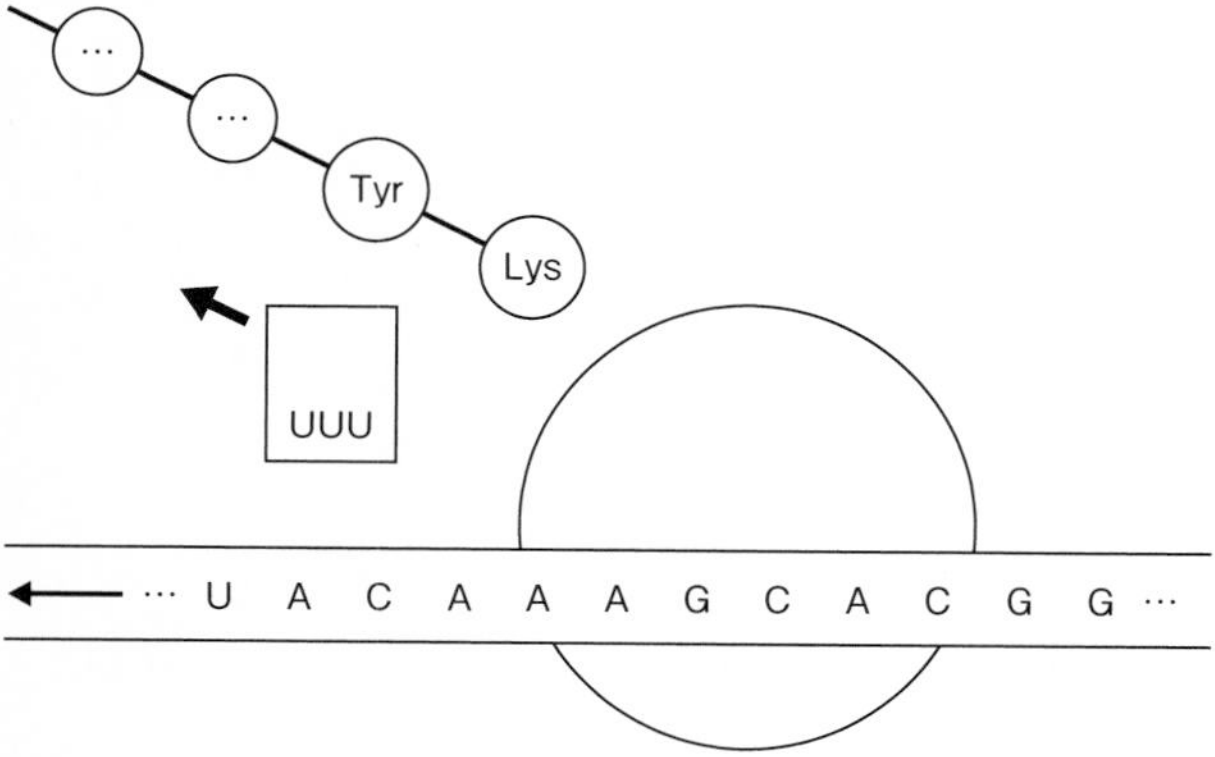

図6-3　セントラルドグマ③
用済みのtRNA（UUU）は離れ、mRNAは1コドン分ずれる。アミノ酸の鎖も場を空ける。次はコドンGCAに対応するアラニン（Ala）を運ぶtRNA（CGU）が結合するはずだ

れるのか、という疑問に答えなければならない。

ここで登場するのが、ジャック・モノー（一九一〇〜一九七六、一九六五年ノーベル生理学・医学賞受賞）とフランソワ・ジャコブ（一九二〇〜二〇一三、一九六五年ノーベル生理学・医学賞受賞）だ。ふたりが注目したのは大腸菌だった。大腸菌はラクトース（乳糖）を分解してエネルギー源として利用することができる。しかしブドウ糖などがある場合は、わざわざラクトース分解酵素をつくったりはしない。大腸菌がラクトース分解酵素をつくるのは、ラクトースが体内にあるときだけなのだ。

ＤＮＡ上でラクトース分解酵素が暗号化された部分のすぐ近くにプロモーターがある。このプロモーターにＲＮＡポリメラーゼが結合すると、ｍＲＮＡのコピーがはじまる。そして暗号の部分とプロモーターの間にあるのがオペレーターだ。

別の場所に調節遺伝子と呼ばれる部位があり、ここをコピーしたｍＲＮＡからはリプレッサーというタンパク質がつくられる。リプレッサーは常につくられており、細胞内に浮遊している。

リプレッサーはオペレーターに結合する。そして、このリプレッサーが邪魔をして、ＲＮＡポリメラーゼが近づいてきても、ｍＲＮＡのコピーはできなくなっている（図６－４上）。つまりリプレッサーの役割は、ラクトース分解酵素をつくるｍＲＮＡのコピーを妨害することにあるの

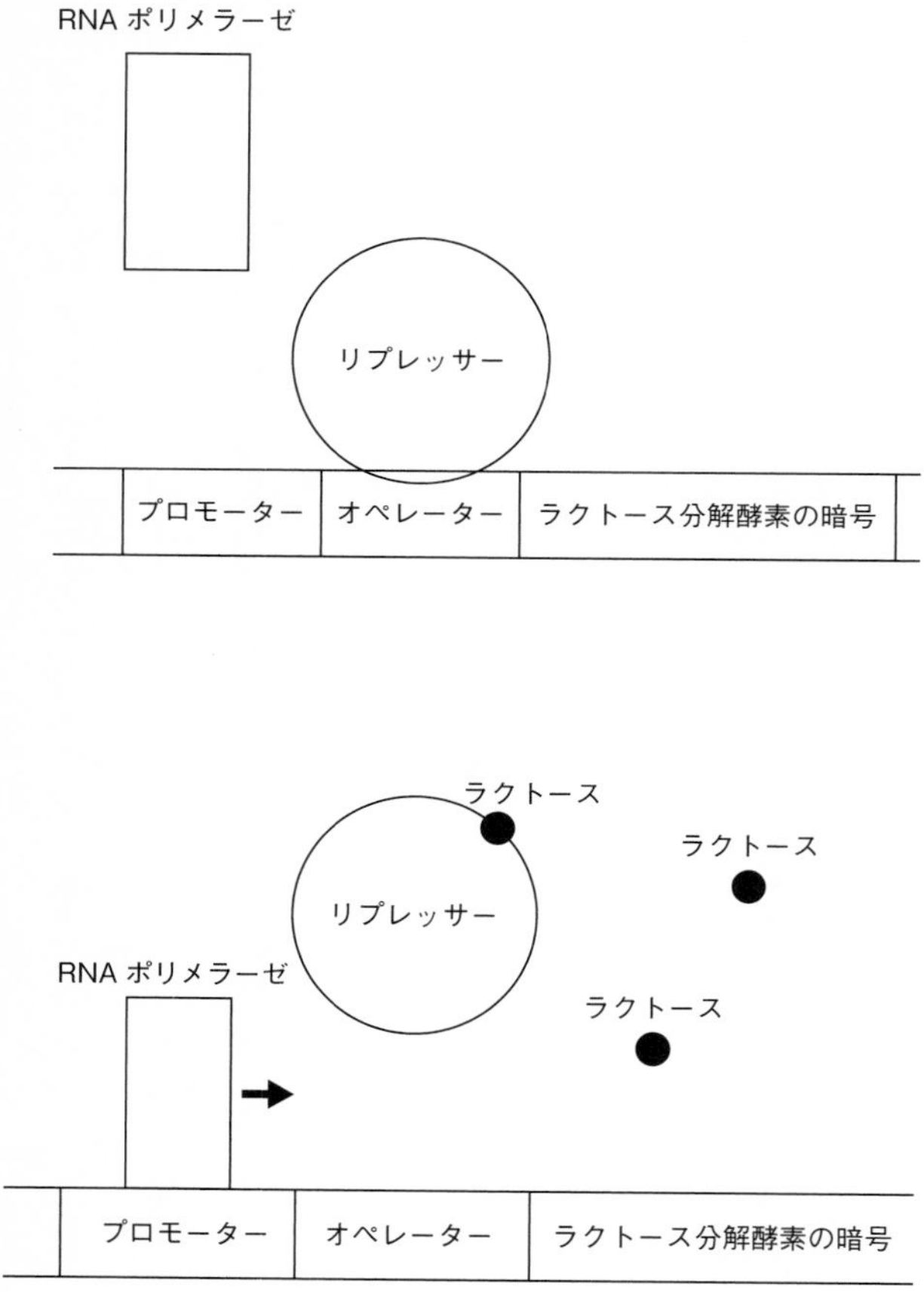

図6-4　DNA にはオン／オフのスイッチがある

上：リプレッサーがオペレーターに結合して、RNA ポリメラーゼの結合の邪魔をする
下：ラクトースがリプレッサーにくっついて変形させ、オペレーターとの結合を妨げる

だ。

近くにラクトースがあると、このラクトース（正確にはラクトースの異性体であるアロラクトース）がリプレッサーにくっつく。するとタンパク質であるリプレッサーは、分子内の力の変化が生じて形が変わり、オペレーターと結合することができなくなる。このようにタンパク質に何か他の物質が結合して形が変わってしまう現象をアロステリック効果という。タンパク質の機能はその形が決定する。アロステリック効果で形が変われば当然、その機能も変化する。

リプレッサーが無効化されると、ＲＮＡポリメラーゼは誰にも邪魔されることなく、心置きなくラクトース分解酵素を合成するｍＲＮＡをコピーすることができるようになる（図６－４下）。

モノーとジャコブは、平時にはラクトース分解酵素を合成するというような無駄な作業は停止しているが、必要となればその作業を開始する仕組みを解明したのだ。

ラクトース分解酵素合成の調節因子を発見するという画期的な成果だった。一般的に言えば、ＤＮＡの各部分にはオン／オフのスイッチがあり、それをタンパク質などが制御していることを発見したのである。この発見が口火となって、同じような性格の調節因子が次々と発見されていき、その性格によって抑制因子、促進因子、終結因子、開始因子などと名づけられていった。

ＤＮＡがタンパク質を合成するための暗号であることを見出し、その暗号を解読した。そしてその暗号から、タンパク質を合成するメカニズム（セントラルドグマ）をあきらかにした。さらに、それらの作業を調節するシステムを解明したのである。

あと一歩で、生命の秘密があきらかになる。多くの科学者はそう確信した。科学者たちは生物を、きわめて精巧な機械のようなものだと考えていた。生命の活動を総指揮するのがＤＮＡだ。細胞内では、ＤＮＡの指揮に従って、あらゆる細胞小器官、あらゆる分子が整然と活動している、というのが科学者たちが描いた生命のイメージだった。

科学者たちは、当時普及しはじめていたＩＢＭのコンピュータがプログラムを実行していくように、ＤＮＡというコントロールタワーが一歩一歩指令を実行していると考えていた。その精緻なプログラムは、自然選択によってデバッグされているので、完全無欠なはずだった。

科学者たちは、その精緻な生化学的メカニズムをひとつひとつ解明していこうと努力した。

しかし、さらに深く調べていくと、さまざまな疑問が浮かび上がってきた。

たとえば、タンパク質を合成するセントラルドグマの過程も、当初考えていたような単純なものではなかった。

暗号をコピーしおえたｍＲＮＡがＤＮＡを離れると、さまざまなタンパク質がｍＲＮＡに取りつき、切り離したりくっつけたりという再編集がおこなわれる。これをＲＮＡスプライシングというが、何を切り捨て、どこをつなぐかというのは一定ではなく、細胞の種類や状態によって異なっている。

そして、この過程をDNAが統制しているわけではない。

つまり、DNAを調べただけでは、どのようなタンパク質がつくられるのか、はっきりしないのだ。

また、核外に飛び出したmRNAがリボソームにたどりつくまでに、さまざまなタンパク質やRNAの破片がまとわりつき、ときにはmRNAを破壊してしまったりする。まるでトマス・ホッブズ（一五八八〜一六七九）の言う、万人の万人に対する闘争のようなありさまで、そこに秩序のようなものを見出すのは困難だった。

無事にリボソームにたどりつき、タンパク質の合成に成功したとしても、できあがったタンパク質はそのまま何かの働きをするわけではない。他のタンパク質と結合してさらに巨大なタンパク質となったり、あるいはアロステリック効果によって当初考えていたのとはまったく異なる機能を果たすこともある。そしてこれらの過程もまた、DNAが統制しているわけではないのだ。

そもそも、生命のはじまり、受精卵の段階で、DNAが中心になって発生が実現する、という仮説は否定されてしまう。DNAだけでは何もできないのだ。

精子はほぼDNAの塊なので、父親から受け継がれるのはDNAだけだと考えられる。受精卵の中にあるさまざまな細胞小器官、RNAや脂質、メチル基、アセチル基などの有機物はすべて母親から受け継がれたものだ。これらの細胞内物質がＤＮＡに働きかけることによって、はじめて発生がはじまるのである。

ＤＮＡだけではどうすることもできない。映画『ジュラシック・パーク』のように恐竜のＤＮＡを完璧に再現できたとしても、それだけで恐竜を生み出すことはできないのだ。

細胞分裂が進み、生物が成長する過程でも、これらの細胞内物質が重要な役割を果たす。同じＤＮＡを持っていながら、ある細胞は目の細胞となり、別の細胞は肝臓の細胞になるというように細胞が分化していくのもまた、細胞内物質の微妙な差に起因している。

ＤＮＡは生命のコントロールタワーではなかった。遺伝子がＤＮＡである、という言明も正確ではない。少なくとも、シュレーディンガーの言う遺伝子――生物が必要とするすべての情報が含まれている物質――ではないことは確実だった。ＤＮＡがすべてを決定しているわけではないからだ。

ヒトとチンパンジーのＤＮＡは99パーセント一致するという。しかしヒトとチンパンジーの違いがわずか1パーセントというわけではない。ヒトの個人間のＤＮＡの差は平均０・１パーセントほどだと言われている。しかし、わたしとあなたの差は、あきらかに０・１パーセントではない。

調べていけばいくほど、謎は深まるばかりだった。細胞の中に、全体を統制しているコントロールタワーのような部分は見つからなかった。精緻でありかつ完全無欠であるはずのプログラムなどは、どこにもなかった。ひとつひとつの物質が、てんでんばらばらに、それぞれ勝手に動き回っているようにしか見えなかった。秩序などどこにもない。混沌としか言いようのない騒然としたありさまに、科学者たちは口をあんぐりとあけてあきれ返るばかりだった。

しかし、そこにあるのは混沌ではなかった。

そこにあるのは豊かないのちだった。

これをどう理解したらよいのだろうか。

科学は、混沌とした物質に神が命を吹き込んだ、という生気論にまで立ち返るしかないのだろうか。

2

カウフマン

高校時代、スチュアート・カウフマン（一九三九〜）の夢は劇作家になることだった。実際、十六歳のときに国語教師と協同でミュージカルを執筆している。ダートマス大学では、劇作家になるにはパイプをくわえなければだめだという友人の助言に従ってパイプをくわえていたほどだった。何作か習作を書いたが、自分の戯曲があまりおもしろくないことに気づいた。登場人物たちは何か行動を起こすのではなく、人生とは、というようなエラそうな話を延々と語り続けているだけなのだ。そこで、自分が本当にやりたいのは、芝居を書くことではなく、哲学なのだと思うようになった。

それからは必死になって哲学を学び、マーシャル奨学金を得てオックスフォード大学に入学した。しかしオックスフォード大学の哲学はカウフマンを満足させるものではなかった。そこでは精緻な議論が展開され、論理的な正しさが求められていたが、それらは事実に基盤を置いていない、机上の空論を精密におこなっているだけだ、とカウフマンは感じてしまったのだ。そこで、自分はカントのような偉い哲学者にはなれない、カントほど偉い哲学者になれないのなら、哲学者になる意味はない、したがって自分は医学部に行くべきだ、というわけのわからない三段論法を考え出し、医学部を目指すことにした。

一年ほど準備勉強をして、カウフマンはカリフォルニア大学サンフランシスコ校の医学部に入学する。

そこでカウフマンは、はじめて発生生物学に接する。

そこは実に驚くべき世界だった。一つの受精卵が、神経細胞や筋肉細胞など数百種の細胞に分化して成長していき、ほとんどの場合、完成された新生児として誕生するのだ。カウフマンはたちまちこの神秘にとりつかれ、このことを懸命に考えるようになった。

ちょうどモノーとジャコブがラクトース分解酵素の調節因子を発見したときだった。つまり、DNAの上にある各遺伝子にはオン／オフのスイッチがあるという発見だった。そこで、細胞の分化も、どのスイッチをオンにし、どのスイッチをオフにするかにかかっている、とカウフマンは考えたのである。

ここでの「遺伝子」は、シュレーディンガーの言う遺伝子とは異なる。シュレーディンガーの遺伝子は「生物が必要とするすべての情報が含まれている非周期的な巨大分子」を意味していたが、ここでは「DNA上のある特定のはたらきをするモジュール（部分）」を意味している。そしてこれ以後は、遺伝子という言葉をこの意味で用いることにする。

DNA上には膨大な量の遺伝子が存在する。また、それぞれの遺伝子は互いに深く影響しあっている。遺伝子Aのスイッチをオンにすれば、ただちに遺伝子B、遺伝子C、……が影響を受けるのだ。

当時の科学者は、スイッチのオン／オフをひとつずつ順々に処理していく、つまりコンピュータのような逐次処理がおこなわれていると考えていた。そのためには想像を絶する精緻なプログラムが必要となってくる。

それは不可能だ、とカウフマンは考えた。ランダムにおこなわれる試行錯誤と自然選択では、そのような精緻なプログラムができるはずはない。そこにはもっと根源的な、自己組織化のような秩序があるはずだと考えた。

もちろん根拠のある話ではない。

それはカウフマンの直観であり、衝動だった。

まず、スイッチのオン／オフの処理はコンピュータのような逐次処理ではなく、多くのスイッチを並行して処理していくものに違いないと考えた。そこで、おびただしい数の遺伝子のスイッチをでたらめにつないだらどうなるか、を考えはじめた。カウフマンは、ランダム・ネットワークという新しい数学をはじめたのである。

医学部の授業は厳しい。覚えることは山ほどあるし、実習もある。カウフマンはその合間を縫って、ノートに線図を描き、ランダム・ネットワークの振る舞いを調べていった。参考となる文献はあまりなく、必要な数学は自分で編み出していった。

遺伝子の数が7個までは、何とか手計算で進めることができた。しかし、遺伝子の数が8個の場合を計算する気にはなれなかった。いわゆる組み合わせの爆発が起こり、とても手計算で進めることなどできなかった。

カウフマンは通りの向こうにあるコンピュータ・センターへ行った。コンピュータに働いてもらうには金がかかる。しかし、金を払うだけの価値はあった。たちまちカウフマンは、遺伝子が１００個の場合の結果を手にし、涙を流さんほど感激した。

まずわかったことは、遺伝子のつながりが密であれば、ネットワークは手の施しようのない混乱に陥るということだった。逆に遺伝子のつながりが疎である場合、たとえばある遺伝子のスイッチのオン／オフを決定する遺伝子がちょうど2個の場合、そのネットワークはいくつかの定常サイクルに落ち着いてくることもあきらかになった。しかし遺伝子のつながりがさらに疎になると、ネットワークは何の面白みもない状態に固定されてしまうのである。

カウフマン

ある遺伝子のオン／オフが他の二つの遺伝子の影響を受ける、つまり遺伝子のつながりを2とした場合、おもしろいことが判明した。定常サイクルの数が、遺伝子の数の平方根とほぼ一致したのである。

現実の遺伝子のネットワークもこうであるに違いない、とカウフマンは確信した。もちろん、自然の遺伝子ネットワークの連携数が、すべて2であるはずはない。が、平均すればそうなるはずだ。

しかしこの結果はあくまで、コンピュータ上でランダム・ネットワークの振る舞いを計算した結果にすぎない。

カウフマンは図書館へ行き、現実の生物のデータを調べた。そして、非常に興味深い発見をした。

生物の細胞の種類は、その生物の遺伝子の数の平方根にほぼ等しかったのである。

医学部の三年のとき、カウフマンはＭＩＴのウォーレン・マカラック（一八九八〜一九六九）に手紙を書いた。マカラックは神経生理学の大御所であり、一介の学生が手紙を書くなど失礼なことだったが、マカラックの返事は、カウフマンが発見した遺伝子ネットワークに大いに興味がある、というものだった。

カウフマンはマカラックを通じて、この分野の多くの科学者と交流するようになる。残念ながら、マカラックはこの直後の一九六九年に他界してしまうが、カウフマンはいまでもマカラックの後継者を自任しているという。

医学部を卒業すると、カウフマンはシカゴ大学の教授となり、遺伝子ネットワークの研究を続け、さらには生命の誕生へと研究の範囲を広げていった。

そして自然な流れとして、カウフマンはサンタフェ研究所に在職することになる。複雑系の科学の梁山泊であるサンタフェ研究所ほど、カウフマンの研究にふさわしい場所はなかった。カウフマンはサンタフェ研究所でのおびただしい出会いと交流によって、その研究を深めていく。彼はそこで、学部生のときに発見した遺伝子ネットワークの調和が、まさにカオスの縁で起こった創発であったことを知る。

遺伝子間の連携が密であれば、遺伝子ネットワークはやたらと興奮して、構造物のようなものができてもすぐに壊れてしまうカオス状態になる。また遺伝子間の連携があまりに疎であれば、面白みのない固定的な秩序状態になる。その中間、カオスと秩序の状態の間に、芸術的ともいえる創造の瞬間がある。それがカオスの縁だったのだ。

さらにカウフマンの発見は、細胞がカオスの縁で活動していることを強く示唆する結果だった。

また、サンタフェ研究所で出会ったブライアン・アーサー（一九四五〜）とは、会うと同時に百年の知己のように親しくなった。アーサーは、近代のパラダイムにずっぽりとつかっている主流の経済学に叛旗を翻し、そのためずっと髀肉《ひにく》の嘆《たん》をかこっていた経済学者だった。

アーサーが抱いている不満のひとつに、主流経済学が技術の革新、イノベーションを扱わない、あるいは扱うことができない点があった。主流経済学がイノベーションに触れるのは、たとえばイノベーションに対する投資と効果、という程度にすぎなかった。

イノベーションは単独で起こるわけではない。ある技術革新が他の技術革新を呼び起こし、というように、ネットワークを築いている、とアーサーは考えていた。そこで、ひとつの技術が生まれるたびにそのスイッチがオンになり、それが他の技術に影響を及ぼす、というようなモデルはできないだろうか、とカウフマンに訊いたのだ。

これはまさに、カウフマンが数十年の歳月をかけて研究してきたネットワークの問題にほかならなかった。

3

生命の起源

かつて、生命の起源は謎ではなかった。日本語にはいまだに「虫が湧く」という言葉が生きている。よどんだ水や腐敗した食べ物などから、自然に虫が湧くものだと信じられていた。冗談ではなく、汚れたシャツからネズミが発生することを実験によって確認した、と真剣に論じる科学者もいた。

この常識を覆したのはルイ・パスツール（一八二二〜一八九五）だった。

培養液を空気にさらすと大量の細菌が「湧く」ことはよく知られていた。そこでパスツールは、「白鳥の首フラスコ」とよばれる長く伸びた首が湾曲しているフラスコ（図6－5）を用意し、その中に培養液を入れた。空気中の細菌は湾曲した長い首のために培養液までたどりつくことができない。培養液はずっと無菌のままだった。

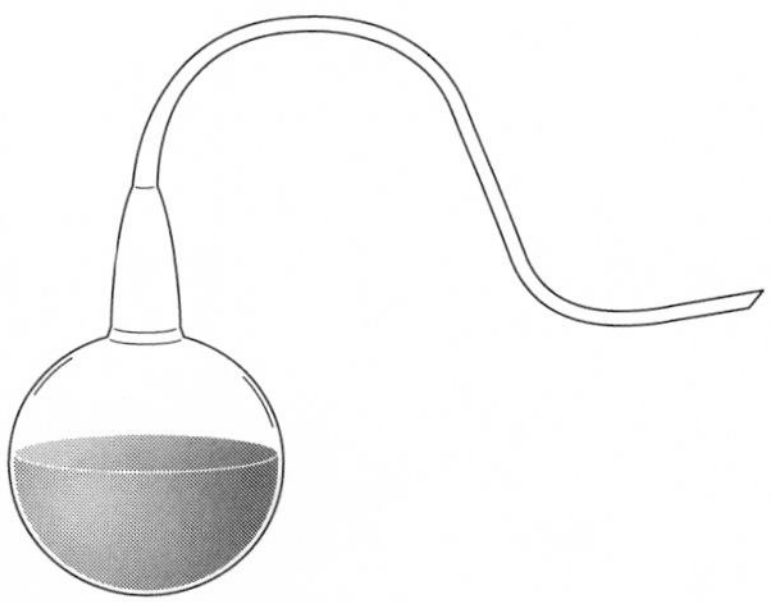

図6-5　白鳥の首フラスコ

生命は生命からのみ生まれることを実証したのである。すると今度は、生命がどこから生まれたのか、という深刻な謎を突きつけられることになった。

やはり長い間、有機化合物は生物にしかつくることはできないと信じられていた。

一八二八年、フリードリヒ・ヴェーラー（一八〇〇～一八八二）が、無機化合物から尿素を合成することに成功した。人類がはじめて合成した有機化合物だ。

一九五三年、シカゴ大学の院生だったスタンリー・ミラー（一九三〇～二〇〇七）が、水、メタン、アンモニア、水素を入れたフラスコを常時加熱し、生じた蒸気を別の容器に導いてそこで電気スパークを作用させ、冷却してもとに戻すという実験を一週間繰り返した結果、溶液は次第に赤っぽくなった。そしてその中にアミノ酸を発見したのだ。

水、メタンなどは原始地球に存在していたと考えられている物質であり、電気スパークは稲妻を模したものだ。つまり原始地球で、アミノ酸が生物によらずに生成することを実証したのである。

その後の研究によって、タンパク質、DNA、RNAの材料である糖、さまざまなアミノ酸、ヌクレオチドなども、生物によらずに生成されることが実証された。

さらに、原始地球に落下した隕石に豊富で多様な有機分子が含まれていた可能性も示唆された。たとえば一九六九年九月二十八日にオーストラリアのマーチソン近郊に落下したマーチソン隕石からは、1万4000種を超える有機物質が発見されている。

少なくとも原始地球のどこかに、生物の材料となる有機分子のスープがあったことはほぼ確実だと思われる。標準的な理論は、その原始のスープから自然に自己複製をするDNAやRNAが生まれ、それが生命の起源となった、と主張する。

しかしカウフマンは、それに納得しなかった。

まず、現在のDNA、RNAは、セントラルドグマで明らかになったように、それ自身では自己を複製することはできない。さまざまなタンパク質が触媒として助ける必要があるのだ。その後の研究で、それ自身が触媒として働く、リボザイムと呼ばれるＲＮＡが存在することが明らかになった。となると、リボザイムの中に自己複製するＲＮＡが見つかる可能性もある。

しかし、そのような1本鎖ＲＮＡを生命の起源と考えるのにも少々無理がある。まず、そのような特殊なＲＮＡがランダムな合成によって生まれる確率を考えてみると、地球の誕生から生命の誕生までの数億年という時間はあまりにも短いように思える。

さらに、ＤＮＡ、ＲＮＡのコピーにはエラーがつきものだが、ひとりだけの孤独なＲＮＡではそのエラーを修復することができず、エラーカタストロフィーを起こして崩壊してしまう可能性が高い。

カウフマンは、ＤＮＡやＲＮＡのような複雑な分子ではなく、アミノ酸やヌクレオチドなどの基本的な分子がネットワークをつくったのが生命の起源ではないか、と考えた。

まず、ランダムグラフというものを考えてみよう。これはポール・エルデシュ（一九一三〜一九九六）とレーニ・アルフレード（一九二一〜一九七〇）がはじめて研究したものだ。

エルデシュはハンガリー出身の放浪の数学者として知られている。物を所有することにこだわらず、スーツケース一つを持って世界中の数学者を訪ね歩いた。突然、玄関口にあらわれて、「わたしの脳は開《ひら》いている」と言いだすのである。それが共同研究の申し込みだった。そして研究が完成するまで、その数学者の家に長期滞在するのが常だった。研究が完成すると、また別の数学者のところに向かう。生涯結婚することなく、子供もいなかった。酒を「毒」と呼び、毎日大量のコーヒーを飲んだと伝えられている。約一五〇〇編の論文を残したが、これを超える数の論文を残したのは、かのオイラーだけだ。起きている時間はほとんどすべて数学に費やしたと伝えられている。エルデシュの死は、ワルシャワでの会議で幾何の問題を解いた数時間後だったという。

エルデシュ

レーニもまたハンガリー出身の数学者で、エルデシュと同じくコーヒー中毒で、「数学者はコーヒーを定理に変換する機械だ」と言ったと伝えられている。エルデシュとは三十二編の論文を共同執筆している。

ランダムグラフの「グラフ」とは、点を線で結んだものだ。いくつかの点があり、それらの点をランダムに線でつないでいくとどうなるか、が問題のテーマだ。その場合、その点にすでに線が結ばれているかどうかは無視する。また線の重なりも無視する。

たとえば1万個の点があり、それをランダムに線でつないでいくとする。線でつながれた点をコンポーネントと呼ぶが、はじめは小さなコンポーネントばかりだ。ところが線の数が5000本を超えるあたりで相転移が起こり、突然、巨大なコンポーネントが出現する。

つまり、線と点の比が1|2となったところで相転移が起こる、というのが「エルデシュ・レーニの定理」だ。

カウフマンが考えたのは、ペプチド（少数のアミノ酸がペプチド結合したもの。大きなペプチドがタンパク質だが、厳密に区別することはない）やRNAなどの配列だ。材料となるアミノ酸やヌクレオチドは原始のスープの中に豊富にあったと考えられる。それらがランダムに反応して重合体をつくる、というのは十分にありうるシナリオだが、自然の状態ではそれほど頻繁に起こることではなく、役に立ちそうな高分子ができあがるまでどれほど待てばいいのか、見当もつかない。

ここで注目すべきなのが、触媒だ。

中学のとき、過酸化水素に二酸化マンガンを加えるという実験をしたことがあると思う。過酸化水素は激しく反応し、大量の酸素を発生させる。その過激な反応に驚いたはずだ。

過酸化水素は放っておいても自然に水と酸素に分解していくが、その速さは目に見えないほどゆっくりとしている。ところがそこに触媒として二酸化マンガンを加えると、その反応は驚異的と言ってもいいほど加速される。触媒である二酸化マンガンは変化しない。

こうした触媒は生体内でも重要な役割を担っている。そしてタンパク質などの分子が触媒として働くこともよく知られている。

いま、原始のスープの中にあったAという分子が触媒としてはたらいて、Bという分子をせっせと生産しているとしたらどうだろうか。そしてそのBという分子が、別の反応の触媒としてはたらき、Cという分子をつくり出し、そしてまたCという分子が……、というようなネットワークができるのではないか、とカウフマンは考えた。

このような自己触媒のネットワークは、同じような仕組みで、光子などの自由エネルギーによってエサ――つまりA、B、C、……などの材料――となるアミノ酸やヌクレオチドを生産する代謝のネットワークも、その内部に構築することができるに違いない。

カウフマンはコンピュータ・シミュレーションを開始した。さまざまな方程式を書き上げ、そのパラメータを指定していく。たとえばランダムなタンパク質がランダムな反応の触媒となる確率などは、実験によって確認することができる。それらの実測値をシミュレーションに反映させていくのだ。

コンピュータ上の実験はなかなかうまくいかなかったが、粘り強い試行の末、カウフマンは成功した。うまくパラメータを指定すると、見事に自己触媒ネットワークができあがったのだ。

原始のスープの中で生成されるA、B、C、……などの分子は、ランダムグラフの点と考えられる。そして、それらの反応がランダムグラフの線だ。A、B、C、……などの分子が増えていくと、明らかに反応の種類は増えていく。反応の種類の増え方は分子の増え方よりも速いのだ。

つまり、ランダムグラフの中で点が増えていけば、線はさらに増えていく。とすれば早晩、エルデシュ・レーニの定理により相転移が起こるはずだ。

カオスの縁である。

そこに創発が起こり、巨大な自己触媒ネットワークが生まれるのだ。

原始のスープの中で、百年河清を俟《ま》つように、巨大なＤＮＡやＲＮＡが生まれるのを待つ必要はない。原始のスープの中の分子たちの相互作用が、カオスの縁で創発を起こすのだ。

この自己触媒ネットワークが新しい分子を生み出していくさまは、「生きている」と表現することができるはずだ。

神が命を吹き込んだのではない。

魔法の種は、カオスの縁であり、創発なのだ。


しかし、せっかく自己触媒ネットワークができても、原始のスープの中に広がって薄まってしまえば、ネットワークとして機能しなくなってしまう。この問題を解決してくれるのが、疎水性の末端と親水性の末端を持つ長鎖の脂質だ。

水分子は、その独特な形のために極性を持っている。そのため、極性のある物質とはよくなじみ、極性のない物質とははじきあう。長鎖の脂質のうち、極性のある末端が親水性であり、極性のない末端が疎水性というわけだ。幸いなことに、このような脂質は原始のスープの中に大量に存在していたと推定されている。

水の上にこの脂質を一滴たらすと、図6－6のように親水性の末端を水中に、疎水性の末端を水の上にして膜を形成する。

水中では、図6－7のように、疎水性の末端を内側にして二重の膜をつくり、この膜で球をつくる。つまり中空の小さな泡となる。これをリポソームという。リポソーム（liposome）は脂質（lipo）＋身体（some）の合成語で、タンパク質の合成を助けるリボソーム（ribosome）とは別物だ（ちなみにリボソームのriboはリボースという単糖類の一種に由来している）。近年、リポソームの中に薬品を注入したものが化粧品などとして注目を集めているので、この名前を耳にしたことがある人も多いと思う。

リポソームはその内側に分子を溜め込むこともできるが、細胞膜のように特定の分子を出し入れしたりもする。リポソームの中の分子の濃度が濃くなり、相転移――カオスの縁――が起こり、自己触媒ネットワークができる、というのは十分に考えられるシナリオだ。

おもしろいことに、リポソームは脂質分子が過剰になると自動的に分裂したりもする。つまり、一つの泡が分裂して二つの泡となるのだ。そのとき、内部の液体も分裂した泡の中に配分される。自己触媒ネットワークは水の中に分子が溶け込んでいる状態なので、その一部をとってき

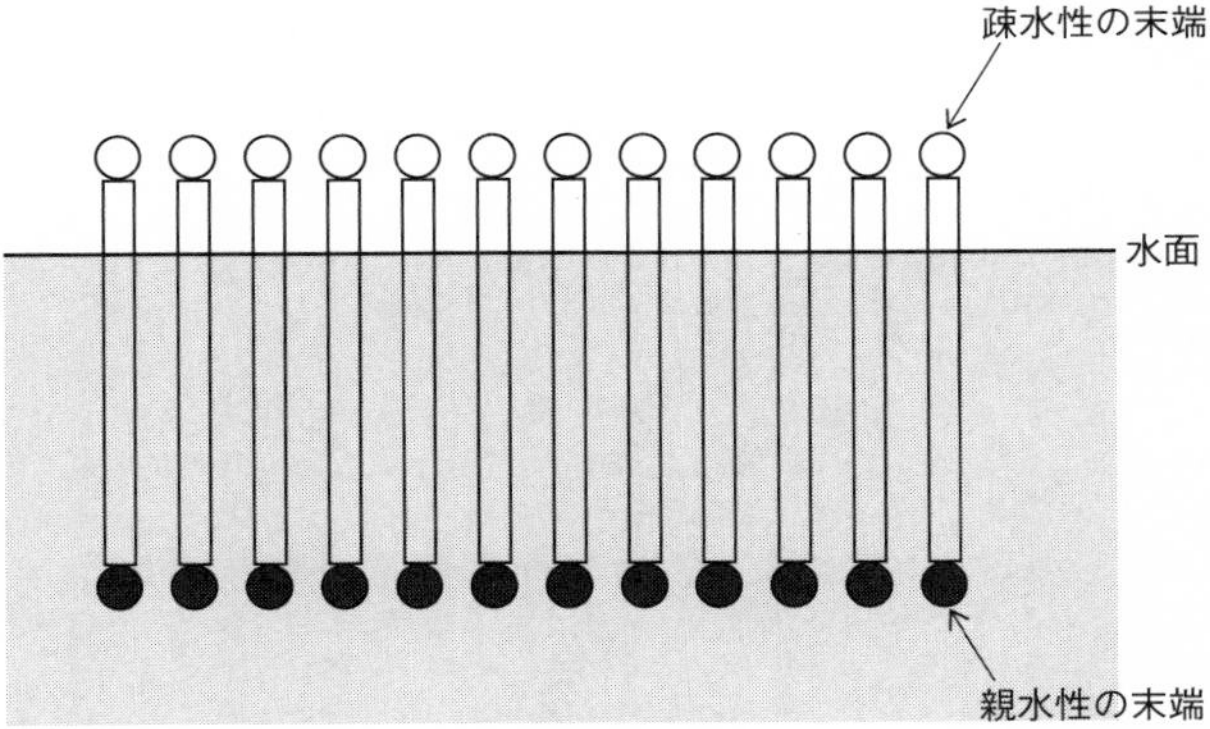

図6-6　水の上に一滴たらした脂質
親水性の末端を水中に、疎水性の末端を水上に向けて膜を形成

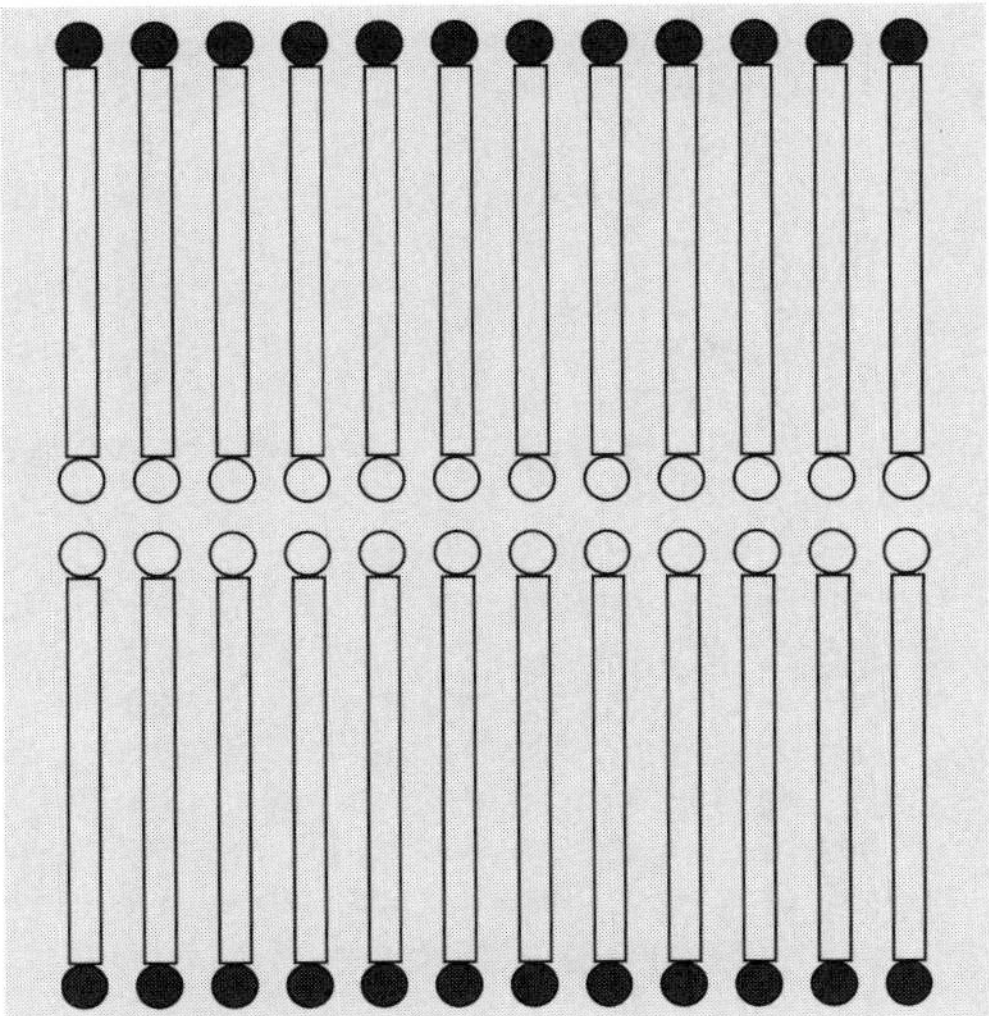

図6-7　水中の脂質
疎水性の末端を内側にして二重の膜をつくり、リポソームを形成

てもフラクタルのようにやはり自己触媒ネットワークである確率が高い。

つまり、リポソームの中の自己触媒ネットワークは、リポソームが分裂すると二つの自己触媒ネットワークに分裂するのだ。

もうここまでくると、これは原始細胞と呼ぶべきだろう。原始細胞には、必ずしもDNAやRNAが必要というわけではないのだ。


コンピュータ上のシミュレーションでは、原始のスープの中で相転移が起こり、カオスの縁で生命誕生の創発が起こることは確認されている。しかし、実験室では成功していない。

もし実験室でそれが実現したら、地球がひっくり返るような大騒ぎになるはずだ。何しろ四十億年ほど前に地球上のどこかで一度起こったのはほぼ確実だが（生命の起源は宇宙のどこかだ、という説もあるが……）、それ以後は一度も確認されたことのない事件なのだ。

しかし複雑系の科学にもとづくシミュレーションはかなり信憑性があり、その線にのっとった実験が日々おこなわれている。もしかしたらわたしの目の黒いうちに、実験室で生命誕生、というニュースを聞くことができるかもしれない。

4

非エルゴード的な世界

現代物理学はついに、物質を構成する最小の単位である素粒子を発見した。フェルミ粒子とボース粒子だ。すべての原子は、これらの粒子が組み合わさってできている。

では、これらの素粒子によって構成されている、安定的に存在する原子の組み合わせは出尽くしているのだろうか。

出尽くしている。現在、人類が知っている百数十種類の原子以外にも、さらに原子番号の大きい原子を考えることはできるが、それらは不安定で、出現すると同時に崩壊してしまう。

では生命圏を形成している分子は出尽くしているのか。

たとえばヒトの体をつくっているタンパク質について考えてみよう。ヒトのタンパク質は、およそ300個のアミノ酸が一列に並んでできている。もちろんそれよりも小さいタンパク質もあるし、1000個以上のアミノ酸が並んだ巨大なタンパク質も存在する。

300個のアミノ酸が並んだタンパク質は何種類あるのか考えてみよう。ヒトのタンパク質には20種類のアミノ酸が使われている。20種類のアミノ酸が300個並ぶ並び方は20の300乗通りある。これはほぼ10の390乗通りとなる。とんでもない数だ。大きな数を天文学的と称したりするが、天文学でもこれほど巨大な数にお目にかかることはほとんどない。

仏典には想像を絶する巨大数が登場するが、それを持ってきてもこれにはかなわない。たとえば三千世界というものがある。この宇宙を一世界といい、一世界が千個集まったものを小千世界、小千世界が千個集まったものを中千世界、中千世界が千個集まったものを大千世界といい、この大千世界のことを三千世界と呼んでいる。いやはやとんでもないものを考え出すものだが、三千世界にある世界の数は千×千×千で、たかだか10の9乗個に過ぎない。

劫《こう》というものもある。巨岩があり、そこに百年に一度、天女が舞い降りてきて、羽衣でさっとなでる。そうやって巨岩が擦り切れるまでの時間が劫だという。

一説によると巨岩は一辺2000キロメートルということだから、その体積は8×10の24乗立方センチメートルとなるので、10の25乗立方センチメートルとしよう。岩石の密度は2・5〜3・5（g/cm^3）なので、大きく見積もって4（g/cm^3）とすると、その質量は4×10の25乗グラムとなる。岩石の主成分はケイ素と考えられ、その原子量は約28だ。しかし計算が面倒くさいのですべて水素原子とすると、その岩石に含まれる原子の数は4×10の25乗モルとなる。つまり原子の個数はせいぜい10の50乗程度だ。天女の羽衣が百年に一度、原子1個を減らしていくとしても、劫は10の52乗年ほどということになる。桁が違うのだ。

この宇宙ができてから137億年ほどの歳月が経過している。10の17乗秒ほどだ。また、観測しうる宇宙に存在している原子の数は10の80乗だといわれている。つまり宇宙ができてから現在まで、すべての原子が存在する場所で1秒に1回ずつ長さ300のタンパク質をつくっていっても、できあがったタンパク質の種類は存在しうる長さ300のタンパク質のほぼ0パーセント（10のマイナス293乗）なのだ。

これは長さ300のタンパク質の場合だけを考えているという点も考慮してほしい。

原子までの世界では、存在しうるものはすべて存在している。

しかし生物圏では、存在しうる分子のほとんどは、いまだこの宇宙に出現していないのだ。

大村智《おおむらさとし》（一九三五〜、二〇一五年ノーベル生理学・医学賞受賞）は珍しい微生物を発見すると、必ずその微生物がつくる化学物質を調べるという。その化学物質が、何かの病気の特効薬であったり、あるいはとてつもない新素材の原料である可能性があるからだ。何しろ現在この宇宙に存在している有機物は、存在しうる有機物の0％にすぎないのだから。

水木しげる（一九二二〜二〇一五）は妖怪のことを、存在したくてたまらないのだけれども存在していない何かなのだ、と言っていた。この宇宙は、存在したくてたまらないのだけれども存在していないタンパク質にあふれているのである。

可能な事柄がすべて現実となりうる状態を、物理学者は「エルゴード的」と言っている。たとえば、熱力学の第二法則（エントロピー増大の法則）を統計力学から導き出すときは、ビンの中の気体分子はある程度の時間内にとりうるすべての状態をとるという仮定（エルゴード仮説）のもとに議論を進めていく。

熱力学だけでなく、物理学はエルゴード仮説が成りたつ世界だけを追究してきた。

この宇宙は、原子に関してはほぼエルゴード的だと言える。

しかし、生命を形づくる複雑な分子に関しては非エルゴード的だ。

生物は物質的な存在だ。明らかに物理学の法則に支配されている。しかし、生物圏は非エルゴード的である。

つまり、生命は物理学にしたがっているが、物理学を超えてもいるのだ。

この問題については、あとでもう一度論じることにしよう。

5 進化

チャールズ・ダーウィン（一八〇九〜一八八二）の『種の起源』が出版されたのは一八五九年、およそ一六〇年前のことだ。自然選択と突然変異によって生物は進化した、というダーウィンの主張はおおむね正しい。この一六〇年の間、進化についての理解はさらに深まってきた。しかし、進化についての謎がすべて解明されたわけではない。

たとえば性の問題がある。現在、多細胞生物の多くはオスとメスが合体して子を産むというシステムを採用している。しかし生物にとって、自分の配偶者を見つけ出すというのはそう簡単なことではない。性の分化がなければいつでも好きなときに子孫を残すことができるのだが、オスとメスに分かれていてはそうはいかない。多くの生物は、子孫を残すためには配偶者を探さなければならず、そのために莫大なエネルギーを浪費している。

オスとメスはきわめて非対称的につくられている。一般的に、精子に比べて卵の数は極端に少なく、卵が貴重な存在となっている。そのため、オスはメスを獲得するために、実に涙ぐましい努力を強いられることになる。

クジャクの美しい羽も、ゴクラクチョウの目を疑うほどに豪華な色彩も、すべてメスを獲得するためのものであり、生きるためには何の役にも立たないどころか、生きる妨げにもなっている。

あるクモのオスはメスを誘うために豪華なご馳走を用意し、メスが夢中になってそれを食べている間に大急ぎでことを済ます。もしご馳走が少なくて、ことを済ます前にメスがそれを食べ終えてしまえば、メスはそばにいたオスを食べてしまう。オスの行為は文字通り命がけなのだ。そうまでしてそれをやりたいのか、と思わないでもないが、しかしオスの決死の行動には、涙襟《なみだえり》を満たすのを禁じえない。

人間の社会を見てみよう。耳に聞こえてくる歌のほとんどは恋をテーマにしているし、小説や映画、演劇などの大半も男女の葛藤を描いている。また人間社会に戦争や闘争が絶えないのは、女を獲得するために男の脳に植えつけられた闘争心によるものだ、という説もある。実際、文化人類学の報告によれば、女が権力を握っている女系社会ではほとんど戦争は見られないという。

人間が単性生殖をしていたら、いまよりもずっと平和な社会を築いていたかもしれない。もっともわたしは、女（異性）がいないようなそんな味気ない社会に生きたいとは思わないが。

これほど莫大なエネルギーの浪費が強要される性の分化が進化してきたからには、それに見合うメリットがあったに違いない。

性がオスとメスに分化している場合、生まれてくる子供は半分の遺伝子をオスから、そして残り半分の遺伝子をメスから受け継ぐ。このとき起こる遺伝子の混交が進化を促進し、なによりもその生物の生存に有利だったからだ、というのが標準的な理論になっている。

しかし、本当にそうなのだろうか。

適応度地形というものを考えてみよう。まず生物の遺伝子型、あるいはその表現型をあらわした平面を考える。遺伝子型や表現型を二次元で表現するのは明らかに無理で、その相空間は多次元にならざるをえないが、それを無理やり平面にしたということにしよう。ここの考察では、平面と考えても何の問題も生じない。

そして、その平面上のある一点における適応度を、高さとして表現する。生物の進化を考えているので、この場合の適応度は生存可能性と考えてもよい。するとそこに、山あり谷ありの地形図のようなものができる。山の上に登っていけばいくほど生存する可能性が高まり、逆に谷の下に落ちていけば死滅する可能性が高まる。生物は一歩でも高みに登っていこうと進化していく、というわけだ。

ここで、サンタフェ研究所の若い数学者が証明し、科学界を動揺させた「ノーフリーランチ定理」、つまり「無料《ただ》のランチなんてありえねえ定理」というふざけた名前の定理を紹介しよう。この定理は、どんな適応度地形においても「よい」選択をするような方法は存在しない、と主張している。

実際、性の分化による遺伝子の混交は、なだらかな地形のときには有効に働くが、でこぼこしていて山の頂上が遠く離れているような地形ではあまり役に立たない。

オスとメスの生殖によって混交される遺伝子は、すでに存在している遺伝子であり、基本的に検証された遺伝子だ。だからそれを混交したところで、変化は微小な範囲にとどまる。

たとえば図6－8のような適応度地形の場合なら、A地点にいる生物は、微小な変化をともなう自然淘汰を繰り返すことによってB地点にたどりつくことができる。途中、少し生存可能性が低い地形を通ることになるが、これぐらいなら何とかなる。

しかし、図6－9のような適応度地形の場合は、A地点にいる生物がB地点に行くためには、途中の深い渓谷を渡らなければならない。微小な変化にとどまる自然淘汰では、深い渓谷を通るときに生存可能性が極端に低くなり、通り抜けるのが非常に困難になってしまうのだ。

それではなぜ、多くの生物はあれほどのエネルギーの浪費を甘受しながらふたつの性に固執してきたのだろうか。そして現在の繁栄する生物圏を見れば、ふたつの性を選択したことは間違っていなかったように思えるが、これはノーフリーランチ定理に反するのではないだろうか。

生物が生息しうる環境をニッチ（隙間、居場所）という。生物は自分のためのニッチを見つけ出してそこに住み着く。そして必然的に、そこに他の生物のためのニッチを生み出していく。

原始の地球、生物が進出する前の不毛な大地を想像してほしい。火星探査車キュリオシティが送信してくれた火星の風景のような光景がそこに広がっていたに違いない。そこをニッチとして

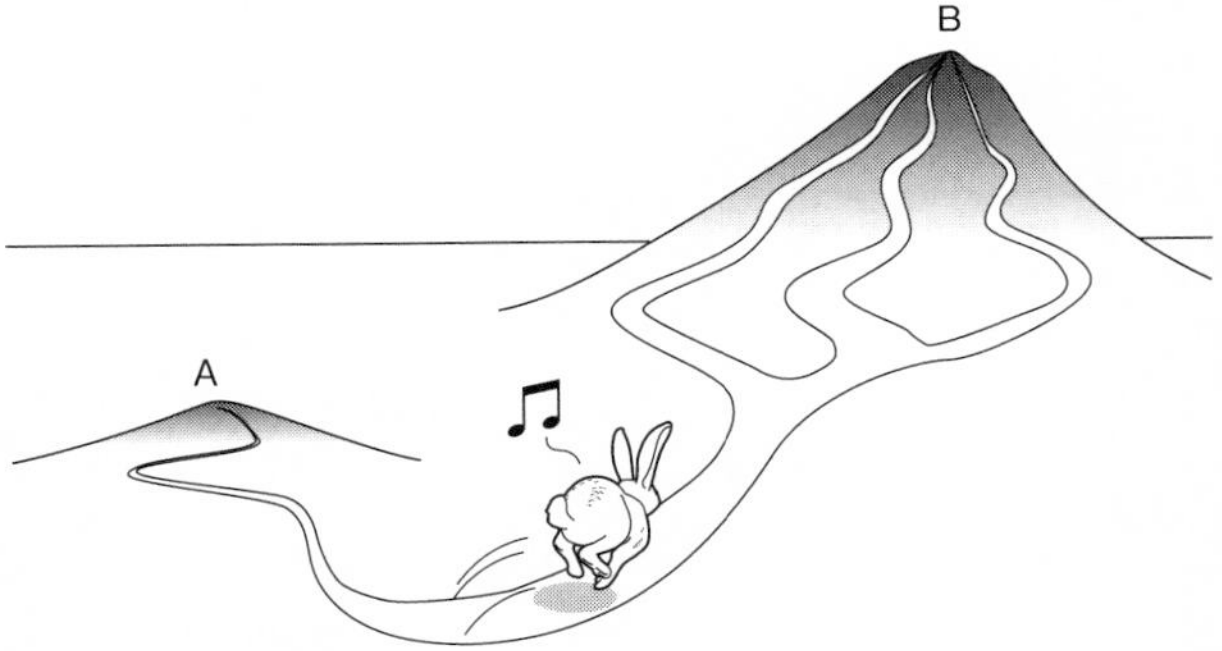

図6-8　微小な変化でもA地点からB地点にたどりつける地形

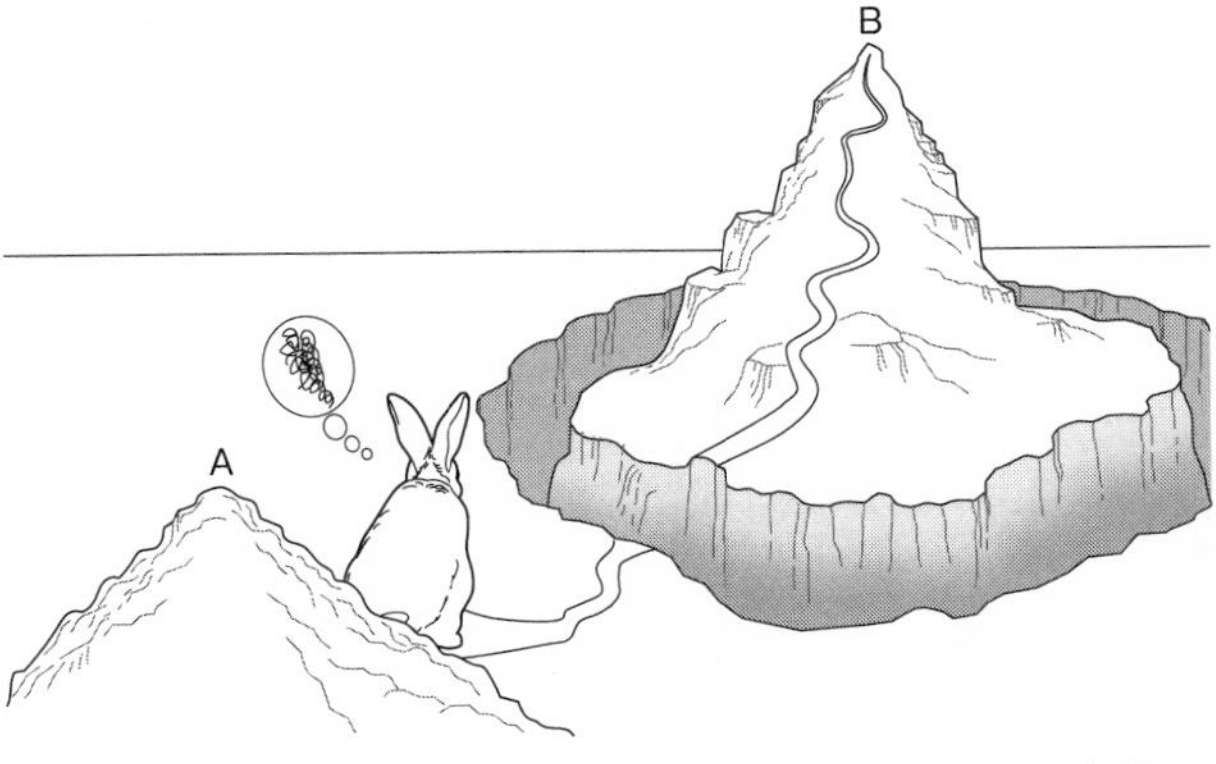

図6-9　微小な変化ではA地点からB地点にたどりつけない地形

生息しうる生物はそれほど多くはなかったはずだ。

最初にそこをニッチとした生物は、おそらく細菌の一種だったと思われるが、その生物が新たなニッチを生み出し、その新しいニッチに住み着いた生物がさらに新しいニッチをつくり出していく。数十億年にわたるその繰り返しの結果、不毛の大地は命にあふれる緑豊かな森林となった。現在の森林は、空間のどこを切り取っても、ある生物種のニッチでない部分はない。

あるいは生物が生まれる前の不毛の海と、ありとあらゆる生物があふれているグレート・バリア・リーフとを比較してみればいい。

次々とニッチを広げながら進化していく生物圏というのは、「血塗られた牙と鉤爪」という進化とはまた違ったイメージをわたしたちに与えてくれる。

生物はひとりで生きているのではない。生物どうしの複雑な関係、複雑系の中で生きている。そして、この複雑系のダイナミズムが、適応度地形を変えてしまうのだ。

たとえばマメ科の植物は根粒菌《こんりゅうきん》のために栄養分を供給している。つまり根粒菌のための新しいニッチをつくり出している。そして、そのニッチに住み着いた根粒菌は、空気中のチッソを有機チッソに固定してマメ科の植物に提供している。このため、マメ科の植物は有機チッソの少ない土壌でも成長することができる。

この場合、マメ科の植物が根粒菌のためのニッチをつくったのか、根粒菌がマメ科の植物のためのニッチを生み出したのか、どちらが先かはどうでもいいことだ。注意すべきは、マメ科の植物と根粒菌は、共生することによって適応度を上げている、つまり、適応度地形を変えている点だ。

適応度地形が固定されたものであったなら、性の分化という方法はごく限られた適応度地形でのみ有効であったはずだ。ところが生物はその適応度地形を、性の分化という方法がうまくいくようななだらかな地形に変えていたのである。

生物が新たなニッチを生み出し、そこに別の生物が生息する、というのはまさに、生物圏における創発だ。ここに既存の数学が登場する余地はない。どのような生物が新たに住み着くことになるのかを表現する方程式は存在しない。つまり、この創発は事前に言い当てることが不可能なのだ。

創発の結果を演繹する法則は存在しない。カウフマンはこのことを、含意ある法則がない、と表現している。演繹的な法則がないのだから、わたしたちにできるのは、それを物語ることだけなのだ。

すべてを事前に記述することができない非エルゴード的宇宙では、物語、つまり歴史が問題となるのである。

また、Aという生物がつくり出したニッチにBという生物が生息するようになったとしても、

Ａの存在がＢの生息の原因であると言うことはできない。Ａの存在からＢの生息を演繹する方程式が存在しないからだ。Ａがつくり出したニッチに生息できる生物は、Ｂとは限らない。Ｃ、Ｄ、……という生物たちもそこに生息できたはずだ。結果的にＢがそこに生息するようになったのは、偶然の結果にすぎない。

カウフマンはこの状況を「可能化」という言葉で表現している。つまり、Ａの存在がＢの生息を可能化した、というわけだ。

可能化は、演繹の言葉ではなく、歴史の言葉だ。どのような形で可能化が起こるかを事前に言い当てることは不可能であり、可能化が起こったときに、それを歴史として語ることができるだけだ。

適応度地形を考えたとき、地図として遺伝子型あるいはその表現型の相空間を用いた。生物圏は進化の過程で、この相空間を拡大していく。

この相空間の外側にあって、ひとつのステップで進むことのできる領域をカウフマンは「隣接可能領域」と名づけた。

生物圏は進化の過程で、この隣接可能領域へ向かって一歩一歩、相空間を拡張していっている。そして、その拡張の方向は、事前言い当て不可能なのだ。

映画『ジャズ大名』に登場する姫君は、あろうことかそろばんをスケートボードのように使用してお城の長廊下を疾走する。言うまでもなくそろばんは計算をするための道具だが、スケートボードの代わりにもなるのだ。また映画のラスト近くでは、そろばんを楽器として使用したりもしている。

計算をする、という用途以外のそろばんの使用法は、その他にもいろいろ考えられる。緊急の場合は武器の代わりにもなるし、凍えそうなときは焚き木の代わりにもなる。

そろばんの使用法をすべて書き記すことは可能だろうか。おそらく不可能だろう。N通りの使用法を書き記したあと、N＋1番目の使用法を導くアルゴリズムは存在しない。だからといってそろばんの使用法が無限に存在する、というわけでもなさそうだ。

事前にすべての使用法を書き記すことができない、という点が重要だ。

生物の進化の大半は、そろばんをスケートボードとして使うというような形で進んでいく。これを外適応、あるいは前適応と呼んでいる。つまり、ある理由によって自然選択された器官が、その理由とはまったく異なる理由によってさらに自然選択され、当初の使用法からは想像もできないかたちに進化していくことだ。

たとえば鳥の羽毛はほぼ確実に、体温を保つために進化した。しかしいまは、空を飛ぶ道具として使われている。

進化の方向を演繹する法則がないので、こんなことが起こるのだ。既存の数学では進化を表現することはできない。進化の方程式は存在しない。進化を含意する法則はないのである。

進化はすべて、行き当たりばったりの応急処置の連続なのだ。そこに計画性や、遠い未来への配慮などはない。

男性の読者ならよくご存知のことと思うが、精嚢《せいのう》（睾丸）はペニスのすぐ隣にある。だから、精嚢からペニスまで精子を輸送する輸精管は、せいぜい数センチメートルの長さがあれば十分なはずだ。しかし、ヒトの輸精管は、精巣からペニスの方角に向かうのではなく、まっすぐ上に伸びていき、腎臓と膀胱とを結んでいる輸尿管をまたいでぐるりと一回りしてから下りてくるという、信じられないルートをとっている（図6－10）。

かつて体の奥のほうにあった精嚢は、進化の過程で体外に押し出された。精嚢を冷やすため、というのが定説となっている。どうしてそのように進化したのか、という理由についてはもっともらしい説明がついてくるのが普通だ。このあたり、ヒトがゴリラのようなハーレム型ではなく、またテナガザルのような一夫一妻型でもなく、チンパンジー、というよりボノボに近い乱交型の生殖を行いながら進化してきた結果なのだ、という非常に興味深い説もあるのだが、複雑系と直接関係するわけではないので、深入りするのはやめておこう。

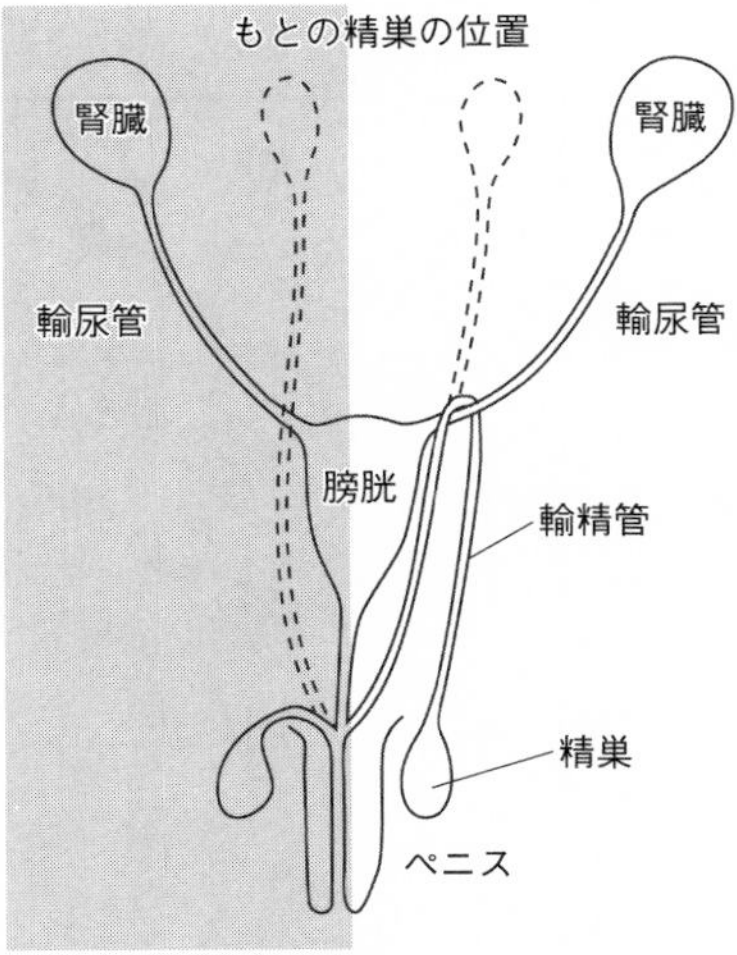

図6-10　輸尿管をまたいで伸びた輸精管
左のグレーのような形にはならなかった

進化は少しずつ、ゆっくり進む。精巣が移動するにつれ、どういうわけか輸精管が輸尿管をまたいでしまった。こういうミスはすぐに修正しなければ大変なことになる。しかし進化の監督官は、一度、輸精管を切断して輸尿管をまたがないような位置でつなぎなおすより、輸尿管をまたいだまま少しだけ輸精管を伸ばすほうがコストがかからないと判断してしまったのだ。次の段階の進化でも同様に、輸精管を少し伸ばすというその場しのぎの方法を採用してしまった。そして

その次の段階の進化でも……。以下同様。その結果、ヒトの精子は必要のない距離を長々と旅することになったのだ。

もっと極端な例を紹介しよう。

脳神経のひとつである迷走神経は、いくつもの分枝を持っており、そのうちの二つが喉頭に向かっている。一本は脳から喉頭に直接向かっているので問題はない。言うまでもなく喉頭は脳のすぐそばにある。

問題は、残りのもう一本だ。この分枝

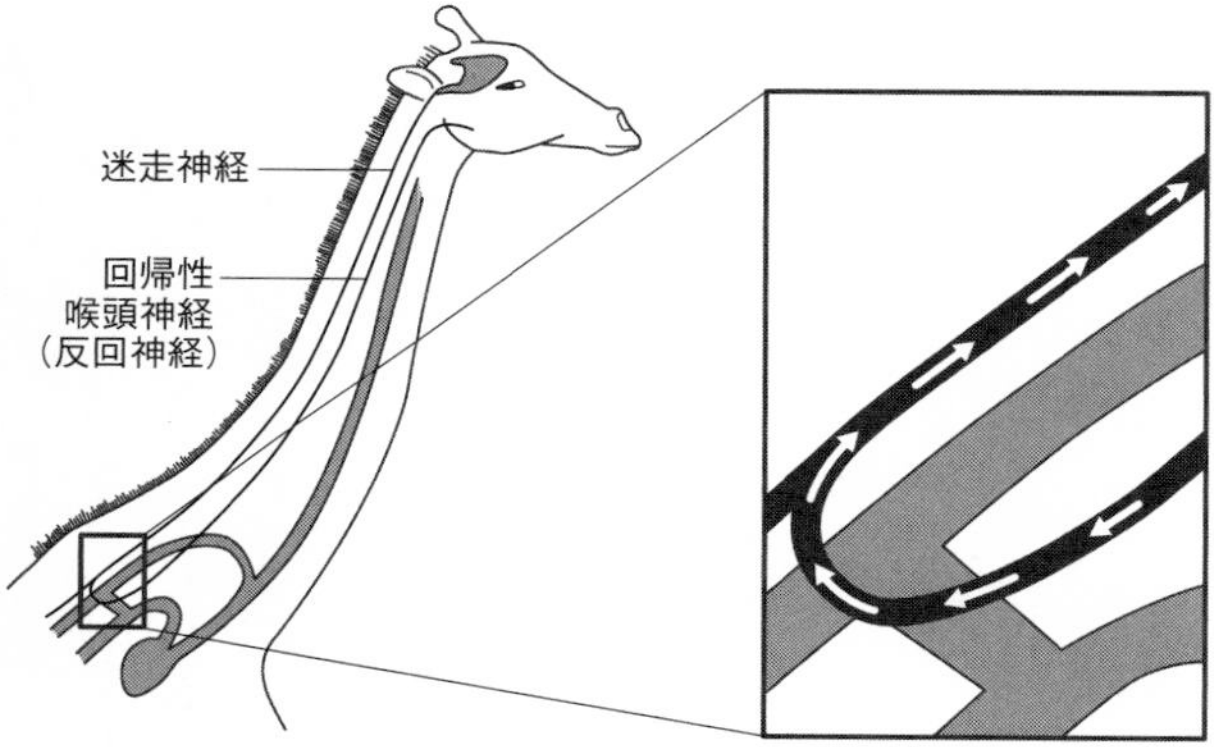

図6-11　キリンの迷走神経
大型の成獣では迂回は4m以上に及ぶ

はまっすぐ胸まで下りていって、心臓から出ている動脈の一本のまわりをぐるりと回ってから、また上にのぼっていく。魚類であった時代にこのような仕組みが生まれたらしい。魚類には頭がないので、このような構造でも何の問題もない。

しかし、頭ができ、首ができると、この神経はとんでもない遠回りを強要されることになる。

それでもヒトの場合は、10センチメートルほどの迂回で済んでいる。

しかし、キリンの場合はそうはいかない。あの長い首を行って帰ってこなければならないのだ。冗談ではなく、大型の成獣では4メートル以上の迂回になるという（図6－11）。

いきあたりばったりの応急措置の連続で、生物という精妙きわまりない組織をつくりあげたのだから、進化というのは実に不思議な機構だ。ゆっくりと、少しずつ問題を改善していった結果、現在の生物が存在している。

ヒトの目は実に精巧につくられた器官だ。実はヒトの目そのものよりも、その情報を処理する脳の中に自動フォトショップのようなきわめて優秀な映像処理ソフトがあるため、ヒトが外界をこのように鮮明に見ることができるのだ、ということが最近の研究で明らかになってきているが、それにしても目の構造を知れば知るほど、その神秘には感嘆せざるをえない。

しかし目には、輸精管や迷走神経よりもさらに悲惨な欠陥がある。

目は、桿体《かんたい》細胞、錐体《すいたい》細胞で光を感知し、その情報が視神経を通じて脳に伝えられる。網膜の上に桿体細胞、錐体細胞、視神経があるわけだが、なんと光源に一番近いところに視神経があり、その奥に桿体細胞、錐体細胞が並んでいるのである。

なんともめちゃくちゃな構造だ。視神経は網膜の内側にあるので、脳のところへ行くためには網膜を通過しなければならない。そこで網膜に穴を開けて、ひとつにまとまった視神経がそこを通過するようになっているのだが、当然、その部分に桿体細胞・錐体細胞を並べることはできず、つまりその部分に届いた光を感知することはできない。

これが盲点だ（図6-12）。

幸い、脳内の優秀な映像処理ソフトのおかげで、ほとんどの人は盲点の存在に気づくことはない。

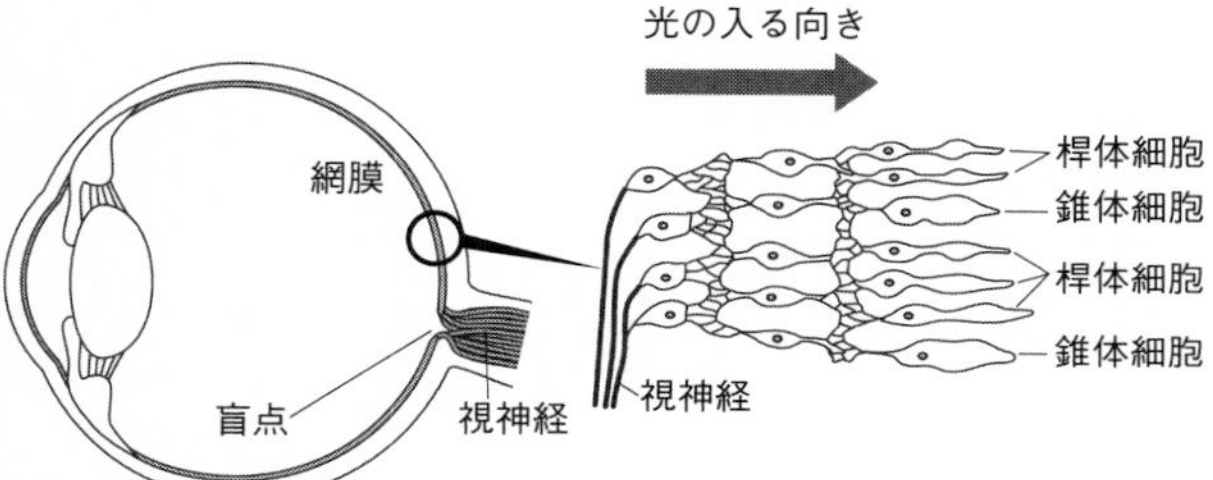

図6-12　ヒトの目の盲点

これらは、進化が事前予測不可能であり、含意ある法則がないことの証拠だと言えよう。

6 熱力学の第二法則

祇園精舎《ぎおんしょうじゃ》の鐘の声、諸行無常の響きあり。
沙羅双樹《さらそうじゅ》の花の色、盛者必衰の理をあらはす。
おごれる人も久しからず、ただ春の夜の夢のごとし。
猛《たけ》き者も遂にはほろびぬ、ひとへに風の前の塵におなじ。

『平家物語』の冒頭だ。作者が知っていたはずはないが、この文は熱力学の第二法則を見事に表現している。

すべての秩序は崩壊し、乱雑さ――エントロピーは増加していく。熱力学の第二法則はそう主張している。

諸行無常、である。

熱力学の第一法則は、エネルギー保存の法則だ。閉じられた系の中のエネルギーは増えもせず、減りもしない。常に一定に保たれる、という主張だ。

エネルギーは、運動エネルギー、位置エネルギー、化学エネルギー、電気エネルギー、光のエネルギーなど、姿形は変われども、閉じられた系の内部でのその総量は変化しない。これはかなりわかりやすい法則だ。変化しない、というのがいい。物理の問題を解くときなどは、伝家の宝刀のように大活躍する。問題の事象が起こる前と後でエネルギーの総量を計算して、それを「＝《イコール》」で結ぶことができるのだ。これで方程式が完成する。

熱力学の第三法則は、絶対零度の存在を主張する。温度とは、その物質を構成する基本粒子の平均速度のことだ。速さが速くなるのには限界はない。光速度云々というようなうるさいことはこの場合、無視しよう。しかし遅くなる方向には当然、限界がある。物体が動かなくなれば当然、速度は0になり、それ以上遅くなることはできない。その瞬間を絶対零度と言うわけだから、これは納得がいく。

しかし、熱力学の第二法則はかなりわかりにくい。閉じられた系の内部では、エントロピーは一定のままか、増加する、という法則だが、これでは方程式を立てることはできない。そもそも、エントロピーとは何なのか。乱雑さ、という説明があるが、質量や速度といった物理量とは違い、直観的に理解することはできない。

『平家物語』と比べて格調の低い話で申し訳ないが、わたしの仕事部屋はかなり乱雑なありさまだ。とりわけ執筆が佳境に入ると、手の届く範囲のあちこちに参考資料が散らばり、足の踏み場もなくなっていく。そのためいつも女房殿に文句を言われてしまう。わたしは、熱力学の第二法則による必然的な現象なのでどうすることもできないのだ、と抗弁するのだが、かえってくる言葉は「ウォンウィチ」(元通り)の一言だ。

もともと熱力学の第二法則は、熱が温度の高いほうから低いほうへと一方向に流れていく現象を説明するために考えられたものだ。

ビンの中に気体が詰まっている。その下部を熱すると、その部分の気体の温度が上がる。しかし加熱を止めてしばらく置いておくと、熱はビンの中に均一に広がっていく。つまりビンの中の気体の温度は均一になる。

コップの中の熱いお茶も、しばらくそのままにしておくと冷めてしまう。まわりの空気の温度はお茶の温度よりも低いので、熱は空気のほうに流れていく。温度の低いほうから高いほうへ熱が流れる現象、つまり何もしないのにまわりの空気の温度が下がり、コップの中のお茶が沸騰する、というような現象は起こりえない。

　ものが溶けるというのも同じような現象だ。お茶の中に角砂糖を入れると、かき混ぜなくても時がたてば砂糖は溶けて、コップの中に均一に拡散する。溶けている砂糖が自然に固まって角砂糖になるというようなことは、いくら待っても起こりえない。


　ビンの中にN個の気体分子があるとしよう。一部の気体分子は激しく動き回り、つまり温度が高く、残りの気体分子はゆっくりと動いている、と考えてもかまわない。

　気体分子の位置はx軸、y軸、z軸の値、つまり、三つの値であらわすことができる。また、その速度ベクトルも、三つの値で決定される。つまり気体分子ひとつあたり、六つの数字でその位置、速度を表現できる。ビンの中にはN個の気体分子があるので、総計6N個の数字でビンの中の気体の状態を表現することができるというわけだ。

　そこで6N次元の相空間を考える。6N次元だからといって恐れる必要はない。3次元空間と同じように考えればいい。三次元空間のひとつの点は3つの数字を表す。同じように6N次元空間のひとつの点は6N個の点をあらわす。つまりこの相空間の中の点は、そのひとつひとつがビンの中の気体の状態をあらわしている。点の中には、ビンの中の温度が均一になるものもあり、極端に偏った温度差のものもある。

このとき、ビンの中の気体は、6N次元相空間のすべての点に行くことができる、というのがさきほど述べたエルゴード仮説だ。そして一定の時間が過ぎ、ビンの中が平衡状態になったとき、6N次元相空間のどこに落ち着くかは、完全にランダムに決定される。

ところが、6N次元相空間の中の点の圧倒的多数は、均一な温度を示しているのである。ビンの中の温度が偏る点の数の比率は、限りなく0に近い。だから、宇宙がはじまってから現在まで待ったところで、ビンの中の温度が偏る確率は0%（10のマイナス数百乗）なのだ。

ビンの中の気体の温度が均一になるというのは、以上のような厳密な統計的な計算によって導き出される。温度差のある物体間でどのように熱が流れていくかも、統計力学の手法を用いて厳密に計算できる。

乱雑さの度合い（エントロピー）も数学的に定義されており、数字で表すこともできる。エントロピー増大の法則は統計力学の厳密な計算によって導き出された法則であり、否定することはできない。

諸行無常なのである。

しかし、生物圏を見ていくと、本当に諸行無常なのか、と疑問の声を上げざるをえない。四十億年ほど前に生命が誕生して以後、生物は繁栄を続け、いまでは地球環境のあらゆるところに進出し、その全盛を謳歌している。そのありさまは平家の全盛時代などとは比べものにならない。生物圏は熱力学の第二法則に反しているのであろうか。

いや、生物もまた物理的な存在であり、物理学の法則に反することはできない。熱力学の第二法則は、閉じられた系ではエントロピーは一定のままか増大する、と主張する。しかし生物は閉じられた系ではない。生物は光子の自由エネルギーという低エントロピーを取り入れることで、エントロピー増大による崩壊を免れているのだ。葉緑素は光子の自由エネルギーをブドウ糖の中に閉じ込める。それを摂取することで、生物はエントロピーを減少させているのである。

しかしそれにしても、生物圏の繁栄はどう解釈したらいいのだろうか。光子の自由エネルギーを取り入れているからといって、諸行無常とはあまりにもかけ離れているのではないだろうか。

熱力学の第二法則はエルゴード仮説を前提としている。熱力学の第二法則だけでなく、ニュートンの運動法則から、相対性原理、量子力学にいたるまで、すべての物理学はエルゴード仮説が成りたつ世界で成立する理論だ。

原子の世界はおおむねエルゴード的だが、分子の世界は非エルゴード的だと前に指摘した。この宇宙には存在したくてたまらないのだがまだ存在していない分子がたくさんある。したがってそれらを含む相空間のすべてを渡り歩くことなど不可能だ。
細胞の中のネットワークも非エルゴード的であり、進化する生物圏も非エルゴード的である。細胞や生物圏のような非エルゴード的な世界には、熱力学の三法則を超える、第四法則があるのではないか、とカウフマンは予想する。

細胞はさまざまな分子や細胞内小器官が並行的に作用するネットワークであり、生物圏もまたさまざまな種の生物が並行的に作用するネットワークだ。このように、多くの要素が並行的に作用するネットワークを複雑系という。

複雑系では、すべての要素が他のすべての要素に影響を与え、同時に他のすべての要素から影響を受けている。したがって、その環境の中にあるすべては、本質的に固定されていない。現状を維持するためにも、活動を続けなければならない。
『鏡の国のアリス』に登場する赤の女王が言うとおり、「同じ場所にいたいと思ったら、精いっぱい走り続け」なければならないのである。

……まさにこの瞬間、どういうわけか二人は走り始めたのです。
後になって考えてみても、どのようにして走り始めたのか、アリスにはどうしてもわかりませんでした。覚えているのは、二人で手をつないで走っていたこと、女王がそれは速く走るので、遅れないように走るだけで精いっぱいだったということです。それなのに女王は「もっと速く、もっと速く！」と叫び続けたのです。アリスはどうしたってそれ以上は速く走れないと思いました。でも、息切れがして、そう告げることさえできませんでした。

何よりも奇妙なことは、木々や回りのものの位置が少しも変わらないことでした。二人がどんなに速く走っても、何一つ二人の後ろに飛んで行かないようです。「何もかもが私たちと一緒に動いているのかしら？」とアリスは考えました。可哀そうにすっかり混乱して。女王はアリスが考えていることを察したらしく、こう叫びました。「もっと速く！　何か言おうなどと思うでない！」

アリスは何か言おうなどと思っていませんでした。もう二度と話せなくなるのではないかという気がしていたのです。それほどひどく息切れがしていたのです。それなのに女王はまだ、「もっと速く、もっと速く！」と叫んで、アリスを引っ張って行きます。「もうすぐそこに着きますか？」アリスは、あえぎあえぎ、やっとこれだけ聞きました。「もうすぐそこに着くかだって！」女王はアリスの言葉を繰り返しました。「何を言っておる。そこなら十分も前に通り過ぎた！　もっと速く！」二人は黙ってさらにしばらく走り続けました。アリスの耳元で風がヒューヒュー音を立てます。アリスは髪が吹き飛んでしまうのではないかと思いました。

「さあ！　さあ！」と女王。「もっと速く！　もっと速く！」二人の走り方は、たとえようがないほど速かったので、最後には空中を飛んで行くかのようでした。足がほとんど地面に触れていません。ついに、アリスが完全に疲れ切ってしまうという時、二人は突然止まりました。気がつくとアリスは地面にへたり込んでいました。息が切れ、頭はふらふらです。

女王は木に寄りかかって、親切にこう言いました。「さあ、ちょっと休んでもいいよ」

アリスはあたりを見回して、それはそれはびっくりしました。「どうしたことでしょう、私たちは走っている間じゅうずーっとこの木の下にいたんです！　何もかもさっきのままですよ！」

「もちろんそうさ」と女王。「どうなればいいのだな？」

「あの、私たちの国では」アリスはまだ少しあえぎながら言いました。「普通はどこか別の所に着くのですけど——もし、私たちがさっきしていたように、あんなに速く長い間走ったら」

「のろくさい国なのだな！」と女王。「さて、いいかな、この国では同じ場所にいたいと思ったら、精いっぱい走り続けることだ。試しにどこかほかの場所に行き着きたいと思ったら、少なくともその二倍の速さで走らなければならない!」

(『鏡の国のアリス』 ルイス・キャロル 訳:楠本君恵 論創社)


また、複雑系には中心が存在しない。コントロールタワーのようなものはないのだ。

では、複雑系を支配する法則、熱力学の第四法則はどのようなものなのだろうか。

まず、複雑系の要素はカオスの縁に向かって進化していく。そして適応度地形の構造をうまく組み替え、ノーフリーランチ定理の裏をかくような、フリーランチを得る方法を獲得する。そして複雑系は、相空間の隣接可能領域を持続的に拡大していく。

もちろん、これらの法則はまだ予想にすぎない。しかし複雑系が展開していく非エルゴード的宇宙には、エルゴード的宇宙とは異なる法則があってもいいのではないか。

近代のパラダイムはエルゴード的宇宙で大成功を収めた。

ニュートンの運動方程式、アインシュタインの相対性理論、ボーアの量子力学は、この宇宙のほとんどすべてを解明したと思われた。

しかし、それによって複雑系を解明することはできない。

複雑系の科学は、ニュートン、アインシュタイン、ボーアを超えていく。

そして、複雑系の科学はまだはじまったばかりなのだ。

複雑系を表現する数学はいまだ存在しない。しかしカウフマンは、圏論やポリアの壺モデルなどから、新しい数学が生まれるのではないか、と述べている。

常にカオスの縁に向かって進化していき、事前言い当て不可能な方向へと隣接可能領域を拡大していく複雑系の姿を表現する数学が生まれるのも、そう遠い未来ではないのかもしれない。

第七章

経済・歴史・社会

1

経済

物理学の圧倒的な勝利を目にした経済学もまた、その「物理学化」を進めていった。高度な数学を駆使して、精緻な理論をつくりあげていったのである。

そうやってできあがった経済のモデルの大半は、事実上、一種類の製品をつくる単一のセクターであり、そこに資本、労働力、人間の知識、投資、貯蓄などの入力因子を考慮して微分方程式をつくり出す。

それでうまくいけば何の問題もないのだが、実はあまりうまくいかないのだ。

よく指摘される問題点のひとつは、経済の主体である人間を、常に合理的な判断をする要素であると仮定している点だ。

将棋の名人に対して第一手を指す。すると、すべての変化を読み切った名人が投了する。

よくある笑い話だ。

将棋の変化は有限である。わりと簡単に証明することもできるが、少々手間がかかるので、ここは有限だということを信じてほしい。変化が有限であれば、すべての変化を読み切り、結果から逆にさかのぼることによって、現局面から最善を尽くした場合の結果がどうなるのかは明らかになる。

しかし変化が有限だといっても、その場合の数は超天文学的な数になる。人間がそのすべてを読み切ることなどできるはずもない。

数年前、ＡＩが人間の名人を破り、話題となった。現在、ＡＩの実力ははっきりと人間を上回っている。しかし、ＡＩにしてもすべてを読み切っているわけではない。最強のＡＩでも、すべての変化を読み切ることのできる将棋の神様にはかなわないのだ。

現在の経済学は、人間をこの将棋の神様のような存在であると仮定しているのである。

もうひとつの問題点は、イノベーションを無視している点だ。

人類はイノベーションを通じて危機を克服し、生き残ってきた。石器の発明、火の活用、土器の製作が、人類の発展に大きな影響を及ぼしてきたことに疑問の余地はない。そして農耕の発明は、人口の爆発的な増加をもたらした。

その後も大小さまざまなイノベーションによって人類は進化し、現代に至っている。

人口は幾何級数的に増加するが、食糧生産は算術級数的にしか増加しないので、人類はやがて深刻な飢餓に直面するという「マルサスの罠」を克服したのもイノベーションだった。

その一等功臣は何といっても、フリッツ・ハーバー（一八六八〜一九三四、一九一八年にノーベル化学賞受賞）とカール・ボッシュ（一八七四〜一九四〇、一九三一年にノーベル化学賞受賞）によるハーバー・ボッシュ法の発見だろう。これによって人類は、それまで根粒菌にだけ可能であった、空気中の窒素を植物が利用できるかたちに固定することができるようになったのである。ハーバー・ボッシュ法によって生産された窒素肥料は食糧の大増産を実現し、世界的大飢饉が起こるのを防いだ。

しかしそれでも、食糧の問題は解決しなかった。わたしが子供の頃、つまり一九六〇年代には、新聞や雑誌などで、食糧不足のために人類は早晩、危機に陥るというようなことが真剣に論じられていた。

この危機を救ったのもまたイノベーションだった。今度の功臣は、遺伝子組み換え作物だ。収量も多く、病虫害に強い遺伝子組み換え作物によって、現在、食糧問題はほとんど解決したといえる。さらに最近は、土地を必要とせず、水を極限まで節約しうるスマート農法なども実用化しており、砂漠の地に新鮮な野菜を提供してもいると伝えられている。

現在、問題となっているのは地球温暖化だ。しかしこの問題も、あらたなイノベーションによって解決するのではないか、と考えている。

イノベーションを起こすのは、ものではなくアイディアだ。ものが盗まれればなくなってしまうが、アイディアは盗まれてもなくなりはしない。むしろアイディアの伝播《でんぱ》は、イノベーションの伝播につながる。

ある数学の問題が解けたというニュースが広まるだけで、各地でその問題の解法があらたに見つかっていくという現象はよく知られているが、アイディアもその具体的な内容が伝わらなくても、条件さえそろっていれば、それが可能であるといううわさだけでイノベーションが伝播していく。

オランダでレンズを組み合わせて遠くのものを見る器械がつくられた、といううわさを耳にしたガリレオ・ガリレイが独自に望遠鏡を製作し、その筒先を天体に向けたというのは有名な話だ。ガリレイはその望遠鏡で月のクレーターを観測し、木星の衛星を発見した。

二〇二一年六月、韓国の首都ソウルのど真ん中、仁寺洞《インサドン》の建築現場で、各種銃筒や天体観測器具など、朝鮮王朝初期の遺物が大量に出土した。そして同時に発掘されたつぼの中には、米粒のような金属片が大量に納められていた。この一六〇〇余の金属片は金属活字だった。これらの遺物は、壬辰倭乱《じんしんわらん》（文禄の役）の混乱の中であわてて埋蔵されたものではないか、と推定されている。

その後の研究により、出土した金属活字の中の四十八点は、一四三四年に鋳造された甲寅字《こういんじ》であることが判明した。現存する世界最古の金属活字だ。

金属活字による印刷は高麗末にはじまった。ここでおもしろいのは、そのころに朝鮮半島を訪問した宣教師と、活版印刷の発明者とされるグーテンベルクとに接点があったのが確認されたことだ。ここから先は想像にすぎないが、グーテンベルクが宣教師から、高麗末あるいは朝鮮初における金属活字による印刷の話を聞いていた可能性があるのだ。具体的な内容ではなく、単なるうわさにすぎないようなものでも、受け取る側の条件が整っていれば、アイディアは伝播していく。朝鮮半島ではじまった金属活字による印刷というアイディアが、海を越えてヨーロッパに伝わったとすると、何か楽しくなってくるではないか。

アイディアは伝播していくだけではない。組み合わされ、生物のように増殖していく。ライト兄弟の飛行機は、何もないところから生まれたわけではない。翼は、すでにグライダーのものが作られていた。軽量のガソリンエンジン、自転車の車輪、プロペラなどのアイディアはすでに存在していた。それらのアイディアが合体して、飛行機となったのだ。

アイディアはものやサービスとなり、商品として流通する。経済ネットワークが築かれるのだ。そして商品は経済ネットワークの中でみずからのニッチを築いていく。もとより商品は生物ではない。しかし人間がアイディアを生み出し、商品を生産していくことによって、商品はあたかも生物であるかのように進化していく。

ひとつの商品はみずからのニッチを築くと同時に、他の商品のためのニッチを可能化していく。

よく引かれる例だが、交通手段としてのウマは、鍛冶屋、馬車、馬具、柵囲いなどの商品のニッチを可能化した。また、ウマが主要な交通手段であった都市では、馬糞が深刻な公害であったことも指摘しておきたい。当時、ロンドンは早晩、高さ3メートルの馬糞の層によって覆われ滅びてしまう、という計算結果も出ていた。

自動車は交通手段としてのウマを絶滅させた。自動車というイノベーションが馬糞による滅亡という危機から都市を救ったともいえる。同時に鍛冶屋、馬車などの商品も姿を消した。産業界の一大変革が起こったのだ。これを創造的破壊とも呼んでいる。

その代わり、オイルとガソリンの産業、舗装道路、モーテルなどのニッチを生み出し、新たな商品が登場してきた。

このように、商品による経済ネットワークは、新たなニッチを次々と可能化していくことによって、生物のように進化していく。太古の地球の赤茶けた大地が緑あふれる森林となったように、数種の石器や土器という貧相な経済ネットワークは、数億、あるいはそれ以上の商品やサービスにあふれる現代社会へと進化してきたのである。

商品による経済ネットワークは、商品どうしを補完物、あるいは代替物という関係で結んでいく。ネジに対してネジまわしは補完物だ。そして釘は代替物だと言えよう。あるいは接着剤なども代替物だと言えるかもしれない。商品を点、補完物や代替物との関係を線と考えよう。点が増加すれば、線はそれ以上に増加していく。エルデシュ・レーニの定理により早晩、臨界点が訪れ、相転移が起こる。そこで新たなアイディアの結合が起こり、新しい商品が誕生していく。

商品による経済ネットワークもまた、複雑系なのだ。

事前予測不可能な方向に隣接可能領域を拡張していく。その進化を含意する法則は存在しない。

2 歴史

アイザック・アシモフ（一九二〇～一九九二）の代表作のひとつ、『銀河帝国の興亡』は、数万年後の未来、人類が銀河全体に進出し、銀河帝国を築いた時代を背景としている。登場人物のひとり、ハリ・セルダンは心理歴史学を確立する。心理歴史学では、セルダン関数を用いて、数学的に人類の未来を正確に予測することができる。セルダンは銀河帝国が崩壊し、三万年にわたる暗黒時代が来ることを予測し、その暗黒時代をできるだけ短縮するため、人類の知識の避難所としてファウンデーションを建設する。

しかし複雑系の科学は、心理歴史学のようなものは存在しえないと主張する。歴史の進化を含意する法則は存在しない。歴史は事前予測不可能な方向にその隣接可能領域を拡張していく。

ところが近代のパラダイムが全盛を誇っていた時代、心理歴史学のような試みが実行された。その典型的な事例が、カール・マルクス（一八一八〜一八八三）の唯物史観である。

ラプラスは、ある瞬間におけるすべての粒子の位置と運動ベクトルが明らかになれば、未来を確定的に述べることができると主張した。このラプラス的決定論が全盛であった時期であっても、三体問題がニュートン力学によって完全に解明できるわけではないことはわかっていた。この点について、イアン・スチュアートはこう語っている。

たとえばマルクスが彼の歴史法則をそれをもとにモデル化しようと努めた「物理学の冷酷な（例外をいっさい許さない）諸法則」などというものは、実際にはけっして存在してはいなかったのである。ニュートンには三個のボールのふるまいを予測することなどできはしないと知っていたら、はたして、マルクスは三人の人間のふるまいを予想しようとしたであろうか？

『カオス的世界像』（イアン・スチュアート著、須田不二夫・三村和男訳、白揚社、一九九二）

マルクスの、虐げられた者に寄り添おうという思いには、掬《きく》すべきものがあるとは思う。しかし、それについても、少々留保したい部分がある。

高校時代、『共産党宣言』の次の部分を読んで、かなり深刻な違和感を覚えた記憶がある。

ルンペン・プロレタリアート、旧社会の最底辺におけるこの受動的な腐敗部分は、そこかしこでプロレタリア革命によって運動に投げ込まれるが、その全体としての生活状況からして、むしろ喜んで反動的陰謀に買収されるだろう。

『共産党宣言』（マルクス、エンゲルス著、森田成也訳、光文社、二〇二〇）

この表現に、虐げられた者たちへの愛情のようなものを感じることはできなかった。

マルクスが主張した唯物史観が人類にもたらした災厄は、ヒトラーのナチズムのそれを凌駕している。何よりも悲しいのは、おびただしい数の若者が、唯物史観を信じ、その理想のために命をささげてきた歴史だ。犠牲となった若者たちが、かつてのソ連邦や現在の北朝鮮の現実を知れば、死んでも死にきれぬ思いに駆られるに違いない。

唯物史観の問題点は、自分たちを例外をいっさいゆるさない法則の側であると規定した点だ。となるとそれに反する勢力は、自然の法則に反する「反動」ということになる。つまりこちら側は絶対的な「善」となり、それに反対する勢力は絶対的な「悪」となるのだ。

「不条理なことをあなたに信じさせることができる人間は、残虐行為にあなたを関わらせることができる」と言ったのはヴォルテール（一六九四〜一七七八）だ。ヴォルテールは宗教について述べたのであり、実際に宗教は人々にさまざまな残虐行為を強いたが、同じように唯物史観を信じる人々は、自分たちを絶対的な真理の側と信じることによって、ありとあらゆる残虐行為により血塗られた歴史を演出していった。

マルクスが主張した統制経済もまた、歴史的な実験によって悲惨な結果をもたらしただけだった。

経済もまた複雑系であり、それを統制してしまえば、角《つの》を矯《た》めて牛を殺す結果になってしまう。無理やり経済を統制すれば、複雑系としての活力を奪ってしまい、経済は死滅してしまうのだ。経済もカオスの縁にあってこそ、芸術的ともいえる創発によって、豊かさを実現していくのである。

軍隊のような組織は、あるひとつの目的を達成するだけなら、すべての資源、すべてのエネルギーをそこに集中することによって、成功することが可能だ。経済を軍隊のように統制した場合、ひとつの目的を達成するだけなら何とかなる。しかし長期的に見ていった場合、その経済は内在的な活力を失い、死滅していく。

冷戦の初期、ソ連経済は目覚ましい発展を遂げ、世界の耳目を集めた。しかしそれは、長続きしなかった。重化学工業にあらゆる資源や労働力を集中することによって無理やり一定の成果をあげることはできても、経済全体の活力を維持することはできなかったのだ。そして、その悲惨な結末は歴史が証明している。

マルクス主義はその勃興期、同時代の社会主義を「空想的」であると揶揄《やゆ》し、自分たちの社会主義を「科学的社会主義」であると称した。「空想から科学へ」がそのスローガンだった。しかし実際は、「空想から妄想へ」であったのだ。

十九世紀から二十世紀のはじめにかけて、虐げられた者に寄り添う思想として、マルクス主義とアナキズムがふたつの柱をなしていた。しかし権力を握ったマルクス主義は、アナキズムを徹底的に弾圧した。そのため二十世紀の後半になると、アナキズムはほとんど死滅してしまったかのような様相を示すことになる。

アナキズムは普通、無政府主義と訳されるが、この訳語はあまり適切ではない。過激なアナキストはただちに政府を否定すべきだと主張するかもしれないが、そうでないアナキストもたくさんいる。アナキズムには決定された綱領のようなものはない。アナキズムは気質のようなものだ、と言った人がいたが、まんざら間違ってもいないと思う。エマ・ゴールドマン（一八六九〜一九四〇）は二十歳にしてアナキストの煽動家として活躍していた。アナキストの煽動家になるのに、理論的学習など必要ないのだ。ボトムアップによる意思決定、権威の否定、自由・平等、虐げられた者への愛、この程度の条件が充足していれば、十分にアナキストだと称することができる。

最近、市民運動などの中でアナキズムが再評価されたりしているのは喜ばしいことだと思っている。クルドの人々を中心としたロジャヴァの運動は、アナキズムの新しい実践として注目を集めている。

ここで無理にアナキズムという用語を使う必要もない。ただ、複雑系が芸術的ともいえる創造を実現するとき、創発の瞬間は、アナキズムの理想に近いということは言えそうだ。

何かが起こると、人間は常にその原因を探ろうとする。しかし、人間の歴史のような複雑系を相手にするとき、それは不可能に近い。それでも人間は原因がわからないと不安になり、もっともらしい理屈をつけたがる。しかし、それでは歴史を理解することはできない。すべてを「春秋の筆法」ですませるわけにはいかないのだ。

歴史に「もし」は禁物だとよく言われる。しかし歴史を考える場合、「もし」を連発し、さまざまな可能性があったことを理解すれば、さらに豊かな歴史観が得られるのではないか、と思う。

この問題について論じるためには、別の本をもう一冊書く必要があるので、ここではこの程度にしておこう。次は複雑系という観点から人間の歴史を分析する本を書いてみたいと思っている。

3 社会

複雑系の科学に基づいて、社会のあるべき姿について語りたいことは山ほどあり、それこそ腹ふくるる思いなのだが、残念ながら複雑系の科学は発展途上にあり、そのほとんどはいまだ検証されていない。だから、妄想に近いわたしの説をここで開陳して読者の顰蹙を買うような行為は、控えなければならない。

ただ、生涯にわたって侵略戦争と社会的不平等に異議をとなえつづけてきたラングトンが夢想したように、複雑系の科学が、平和で豊かな人間社会を築く基礎となるはずだ、という希望については述べておきたいと思う。

スティーブン・ピンカー（一九五四〜）は『暴力の人類史』（幾島幸子訳、青土社、二〇一五）で、人類の歴史の中で暴力が確実に減少していることを検証した。戦争や武力紛争がなくなったわけではないが、暴力が確かに減少しているというピンカーの論証には説得力がある。ただ、たとえばクリストファー・ライアン（一九六二〜）などによって、かなり深刻な批判を受けているのも事実だ。個人的にはライアンの議論のほうに分があるとは思っているが、こうい った、人間の本性ともいえるような問題については、どのような主張であってもそれを支える材料はいくらでも見つかってくる。数学のように真か偽か明確にすることはできないのが普通だ。そうはいっても、少なくとも中世と現代を比べれば、暴力が減少したといえるのではないか、と思う。

そして暴力が減少した理由のひとつとしてピンカーは、啓蒙主義ではないが、人々の知性と教養の向上を指摘している。相手の立場に立って考える能力が、残忍な刑罰をなくしていき、理性的な判断が、紛争を少なくしていったというわけだ。

複雑系である人間社会は、カオスの縁という狭い領域に位置することによって、かろうじて豊かな発展を維持してきた。カオスの縁は、秩序と無秩序の微妙なバランスが成立している狭い領域だ。カオスの縁から滑り落ち、秩序領域に陥れば、ジョージ・オーウェル（一九〇三～一九五〇）が描く『１９８４』の世界になってしまうのかもしれない。逆に無秩序領域に陥れば、ホッブズが述べる万人の万人に対する闘争の世界になってしまうのだろう。

カオスの縁では、構成要素である市民ひとりひとりの相互の関係が、芸術的とも言える創造を生み出す。すなわち、創発が現実となる。

絶え間ないイノベーションが続く現代社会は確かに、カオスの縁にあるように思える。スマホはおろか電卓やパソコンすらなかった子供時代をすごしたわたしのような人間にとって、急速に変化していく現代社会は目が回るようにも感じられる。

資本主義という長く続いた制度も、変換点を迎えているのではないか、とも思える。アイディアが価値を生み出す現在、労働時間によって価値が定まるというアダム・スミス（一七二三～一七九〇）以来の労働価値説が崩れかかっているのではないか、と崔培根《チェベグン》（一九五九～）建国大教授は述べている。

現代社会が深刻な問題をかかえているのは事実だが、人類の未来は明るいと思う。カオスの縁にある人間の社会は、創発によって生き延びていくはずだ。

そのとき、市民ひとりひとりの「知性と教養」は重要な意味を持つに違いない。とりわけ科学リテラシーは大きな影響を及ぼしうる。

複雑系の科学によって第二の科学革命が進んでいる現在、人々の科学への関心が高まっていくことを願っている。

生命は創発する。

事前言い当て不可能な方向に隣接可能領域を拡大していき、爆発的に豊かになっていく。

生命は物理学に従うが、物理学を超えた存在なのだ。

同様に人間の社会も創発する。

わたしたちはその奇蹟の中に生きている。

おわりに

歴史の後知恵《あとぢえ》によって、歴史の流れを必然であるかのように解釈することに対しては、昔から戸惑いを感じていた。

歴史の勝者を先見の明のある賢人として描くことにも、嘘っぽさを感じていた。そのように描けばたしかに物語としてはおもしろくなるけれども、それはまがいものだと思っていた。

トルストイが『戦争と平和』のなかで「歴史家たちは、世界のさまざまな事件の自由意志のない道具のうちで、もっとも奴隷的で、自由意志のない人々である指揮官たちの先見の明や、天才性を証明する証拠を巧妙にこしらえ上げて、生じた事実にそれをあとになって当てはめている。古代の人たちは、英雄叙事詩の典型を我々に残した。そのなかでは英雄が歴史の興味のすべてを形作っている」（藤沼貴訳、岩波文庫、二〇〇六）と述べているが、この見解に諸手をあげて賛同する。

複雑系の科学を知ると同時にそれに魅せられた背景には、そのようなわたしの性向があったと思う。

当然、『皐の民』、『巨海に出んと欲す』（講談社、二〇〇三）から『小説日清戦争——甲午の年の蜂起』（影書房、二〇一八）までのすべての小説は、複雑系の科学の影を色濃く反映させることになった。

しかし残念なことに、それに気づいてくれる人はひとりもいなかった。

文学などを語り合う友はいる。しかしかれらに複雑系の科学についての話をしても、まったく反応を得ることはできなかった。

難しくてよくわからない、という言葉が返ってくるのはまだ良いほうで、ほとんどの場合は、完全な無関心の壁がわたしの前に立ちはだかるのが常だった。

複雑系の科学は二十一世紀の科学だ。数学や物理学だけでなく、歴史学や経済学など、社会科学、人文科学の分野も、これからは複雑系の科学を無視しては根本から成りたたなくなる、とわたしは思っている。

常にカオスの縁に向かって進化していき、事前予測不可能な方向へ隣接可能領域を次々に拡大していくという、柔軟でまばゆいばかりのイメージと、近代のパラダイムによる貧相で硬直した社会像、歴史像とを比較してみればよい。そして何よりも、複雑系の科学はわたしたちに希望を与えてくれるのだ。

文学もまた、この世界をどのように理解するのか、という点が常に問われている。二十一世紀の文学は、古代の人たちがこしらえた英雄叙事詩と同じではだめなのだ。

そんなことを考えながらいま、ひとり寂しくワインの杯を傾けているが、複雑系の科学について熱を込めて語ることのできる友がここにいれば、と思わないではいられない。

金　重明

カバー画像について作成者より

すべての面が球面でできている「球面体」とよばれる立体を、それぞれの面に関する鏡映変換を用いて変形し、元の球面体と貼り合わせてタイル貼りすることを繰り返す。ある数学的な条件を満たしている球面体のタイル貼りは、この画像のようなフラクタル構造をもった立体へと収束していく。球面体や、球面体から構成されるフラクタルは「クライン群論」と呼ばれる数学の分野における研究から発見されたものだが、複雑系科学の観点からも捉えることができる。以下のウェブサイトも参考にされたい→https://sphairahedron.net/

中村建斗（なかむら・けんと）
博士（理学）。明治大学大学院先端数理科学研究科修了。専門はクライン群論や双曲幾何学といった分野における、CGを用いたフラクタル図形の可視化と高速化。フラクタル図形の美しさや面白さに惹かれ、学問としての研究だけでなく、芸術的な表現としての映像作品制作や可視化ソフトウェアの開発を続けている。ウェブサイトはhttps://soma-arc.net/

【や行】

【ら行】

【わ行】

【アルファベット】

【は行】

【ま行】

【た行】

【な行】

【さ行】

さくいん

【あ行】

【か行】

N.D.C.421　254p　18cm

ブルーバックス　B-2227

「複雑系《ふくざつけい》」入門《にゅうもん》

カオス、フラクタルから生命の謎まで

2023年４月20日　第１刷発行

著者　金《キム》　重明《チュンミョン》

発行者　鈴木章一

発行所　株式会社講談社

〒112-8001　東京都文京区音羽2-12-21

電話　出版　03-5395-3524

販売　03-5395-4415

業務　03-5395-3615

印刷所　（本文印刷）株式会社新藤慶昌堂

（カバー表紙印刷）信毎書籍印刷株式会社

製本所　株式会社国宝社

定価はカバーに表示してあります。

ISBN978－4－06－531624－5

発刊のことば

科学をあなたのポケットに

　二十世紀最大の特色は、それが科学時代であるということです。科学は日に日に進歩を続け、止まるところを知りません。ひと昔前の夢物語もどんどん現実化しており、今やわれわれの生活のすべてが、科学によってゆり動かされているといっても過言ではないでしょう。

　そのような背景を考えれば、学者や学生はもちろん、産業人も、セールスマンも、ジャーナリストも、家庭の主婦も、みんなが科学を知らなければ、時代の流れに逆らうことになるでしょう。

　ブルーバックス発刊の意義と必然性はそこにあります。このシリーズは、読む人に科学的に物を考える習慣と、科学的に物を見る目を養っていただくことを最大の目標にしています。そのためには、単に原理や法則の解説に終始するのではなくて、政治や経済など、社会科学や人文科学にも関連させて、広い視野から問題を追究していきます。科学はむずかしいという先入観を改める表現と構成、それも類書にないブルーバックスの特色であると信じます。

一九六三年九月　　野間省一

ブルーバックス　数学関係書（I）

116 推計学のすすめ　佐藤　信
120 統計でウソをつく法　ダレル・ハフ　高木秀玄＝訳
177 ゼロから無限へ　C・レイド　芹沢正三＝訳
325 現代数学小事典　寺阪英孝＝編
722 解ければ天才！　算数100の難問・奇問　中村義作
833 虚数iの不思議　堀場芳数
862 対数eの不思議　堀場芳数
926 原因をさぐる統計学　豊田秀樹／前田忠彦／柳井晴夫
1003 マンガ　微積分入門　岡部恒治　藤岡文世＝絵
1013 違いを見ぬく統計学　豊田秀樹
1037 道具としての微分方程式　斎藤恭一　吉田　剛＝絵
1201 自然にひそむ数学　佐藤修一
1243 高校数学とっておき勉強法　鍵本　聡
1312 マンガ　おはなし数学史　仲田紀夫＝原作　佐々木ケン＝漫画
1332 集合とはなにか　新装版　竹内外史
1352 確率・統計であばくギャンブルのからくり　谷岡一郎
1353 算数パズル「出しっこ問題」傑作選　仲田紀夫
1366 数学版　これを英語で言えますか？　保江邦夫＝著　E・ネルソン＝監修
1383 高校数学でわかるマクスウェル方程式　竹内　淳
1386 素数入門　芹沢正三
1407 入試数学　伝説の良問100　安田　亨

1419 パズルでひらめく　補助線の幾何学　中村義作
1429 数学21世紀の7大難問　中村　亨
1433 大人のための算数練習帳　佐藤恒雄
1453 大人のための算数練習帳　図形問題編　佐藤恒雄
1479 なるほど高校数学　三角関数の物語　原岡喜重
1490 暗号の数理　改訂新版　一松　信
1493 計算力を強くする　鍵本　聡
1536 計算力を強くするpart2　鍵本　聡
1547 広中杯　ハイレベル　中学数学に挑戦　算数オリンピック委員会＝監修　青木亮二＝解説
1557 やさしい統計入門　田栗正章／藤越康祝　柳井晴夫／C・R・ラオ
1595 数論入門　芹沢正三
1598 なるほど高校数学　ベクトルの物語　原岡喜重
1606 関数とはなんだろう　山根英司
1619 離散数学「数え上げ理論」　野﨑昭弘
1620 高校数学でわかるボルツマンの原理　竹内　淳
1629 計算力を強くする　完全ドリル　鍵本　聡
1657 高校数学でわかるフーリエ変換　竹内　淳
1677 新体系　高校数学の教科書（上）　芳沢光雄
1678 新体系　高校数学の教科書（下）　芳沢光雄
1684 ガロアの群論　中村　亨

ブルーバックス　数学関係書（II）

1704	高校数学でわかる線形代数	竹内　淳
1724	ウソを見破る統計学	神永正博
1738	物理数学の直観的方法（普及版）	長沼伸一郎
1740	マンガで読む　計算力を強くする	がそんみほ＝マンガ　銀杏社＝構成
1743	大学入試問題で語る数論の世界	清水健一
1757	高校数学でわかる統計学	竹内　淳
1764	新体系　中学数学の教科書（上）	芳沢光雄
1765	新体系　中学数学の教科書（下）	芳沢光雄
1770	連分数のふしぎ	木村俊一
1782	はじめてのゲーム理論	川越敏司
1784	確率・統計でわかる「金融リスク」のからくり	吉本佳生
1786	「超」入門　微分積分	神永正博
1788	複素数とはなにか	示野信一
1795	シャノンの情報理論入門	高岡詠子
1808	算数オリンピックに挑戦　'08～'12年度版	算数オリンピック委員会＝編
1810	不完全性定理とはなにか	竹内　薫
1818	オイラーの公式がわかる	原岡喜重
1819	世界は2乗でできている	小島寛之
1822	マンガ　線形代数入門	鍵本　聡＝原作　北垣絵美＝漫画
1823	三角形の七不思議	細矢治夫
1828	リーマン予想とはなにか	中村　亨
1833	超絶難問論理パズル	小野田博一
1841	難関入試　算数速攻術	中川　塁　松島りつこ＝画
1851	チューリングの計算理論入門	高岡詠子
1880	非ユークリッド幾何の世界　新装版	寺阪英孝
1888	直感を裏切る数学	神永正博
1890	ようこそ「多変量解析」クラブへ	小野田博一
1893	逆問題の考え方	上村　豊
1897	算法勝負！「江戸の数学」に挑戦	山根誠司
1906	ロジックの世界	ダン・クライアン／シャロン・シュアティル　ビル・メイブリン＝絵　田中一之＝訳
1907	素数が奏でる物語	西来路文朗／清水健一
1917	群論入門	芳沢光雄
1921	数学ロングトレイル「大学への数学」に挑戦	山下光雄
1927	確率を攻略する	小島寛之
1933	「P≠NP」問題	野﨑昭弘
1941	数学ロングトレイル　「大学への数学」に挑戦　ベクトル編	山下光雄
1942	数学ロングトレイル　「大学への数学」に挑戦　関数編	山下光雄
1961	曲線の秘密	松下泰雄
1967	世の中の真実がわかる「確率」入門	小林道正